Inhalt

Kapitel VI

Quellen und weiterführende Informationen

8

Einführung

1. Ein Buch aus der Praxis

1.1. Europäische Regionen auf dem Weg zu 100% Erneuerbaren Energien

Dieses Handbuch wurde von einem Team aus Mitarbeitern der B.A.U.M. Consult GmbH München, im Rahmen des Projekts „Network of Rural Areas aiming at very High RE Rate" (100% RENET) erstellt. In diesem Projekt des 5. Forschungsrahmenprogramms der Europäischen Kommission arbeiteten Partner aus sieben europäischen Regionen in Deutschland, Österreich, Frankreich und Spanien gemeinsam an dem Ziel, ihre jeweilige Region möglichst weitgehend auf eine Versorgung aus Erneuerbaren Energien umzustellen.

www.100re.net

1.2. Das Autorenteam

Das Autorenteam umfasst Fachleute der nachhaltigen Regionalentwicklung, der Raumplanung und der Erneuerbaren Energien sowie Marketing- und Kommunikationsexperten.

Dr. Martin Tischer ist Diplom-Volkswirt. Er war mit dem Projekt Nachhaltige Regionalentwicklung Trier als Mitarbeiter an einem der Projekte der nachhaltigen Regionalentwicklung der ersten Stunde beteiligt. Er hat in seiner **Doktorarbeit über die Verbindung von unternehmerischen Netzwerken und Kooperationen und nachhaltiger regionaler Wirtschaftsentwicklung** geforscht. Seitdem hat er eine Vielzahl von regionalen Entwicklungsprozessen beraten, evaluiert und wissenschaftlich begleitet. Er ist ein gefragter Referent, Trainer und Moderator, wenn es um den Aufbau regionaler Netzwerke, Kooperationen und Beteiligungsprozesse geht.

Dr. Michael Stöhr ist Physiker. Er hat über den Grundstoff für Solarzellen, Silizium, promoviert und startete seine berufliche Tätigkeit mit Projekten zur dezentralen Elektrifizierung westafrikanischer Dörfer mit Photovoltaiksystemen. Dr. Stöhr hat seit Anfang der 1990er Jahre europäische Projekte im Bereich der regionalen Einführung Erneuerbarer Energien koordiniert, darunter eines, aus dem das von EUROSOLAR herausgegebene Standardwerk „Erneuerung von Städten und Gemeinden mit Erneuerbaren Energien" hervorgegangen ist. **Der Energiebedarf seiner Familie ist bereits komplett durch Energieeinsparmaßnahmen ersetzt bzw. durch Erneuerbare Energien gedeckt.** Dafür wurde die Familie Stöhr mit dem Sonderpreis „Mieter" beim Wettbewerb „Energiesparmeister 2006" von ZDF-Umwelt und der Klimaschutzkampagne CO2-Online ausgezeichnet. Dr. Stöhr ist auch Initiator und Geschäftsführer zweier Photovoltaik-Betreibergesellschaften im Münchner Stadtteil Messestadt-Riem, d.h. von Strukturen für Erneuerbare Energien, wie sie in Kapitel III beschrieben werden und sitzt im Aufsichtsrat der WOGENO e.G., einer sozialen, ökologischen und dem Grundsatz der Selbstverwaltung verpflichteten, jungen Wohnungsbaugenossenschaft in München.

www.eurosolar.org

www.klima-sucht-schutz.de
www.messestadt-riem.de
www.solarbundesliga.de

Ludwig Karg ist Diplom-Informatiker. Er hat im Landkreis Fürstenfeldbruck maßgeblich die **Entstehung von Strukturen zur nachhaltigen regionalen Entwicklung, allen voran des Vereins BRUCKER LAND e.V. mitinitiiert und begleitet.** Daraus ging u.a. einer der Partner des 100% RENET Projekts, der Verein ZIEL 21 e.V. hervor, der den alleinigen Satzungszweck hat, den Landkreis Fürstenfeldbruck bis zum Jahre 2030 zu 100% mit Erneuerbaren Energien zu versorgen. Ludwig Karg berät Kommunen und Regionen zu nachhaltiger Entwicklung, Marketing und Kommunikationsprozessen.

www.bruckerland.info

www.ziel21.de

Markus Lurz ist Diplom-Ingenieur der Raumplanung. Er hat im Rahmen des 100% RENET Projekts seine **Diplomarbeit über die Zusammenhänge von nachhaltiger Regionalentwicklung und Erneuerbaren Energien** geschrieben. Er untersuchte dabei den Wissensbedarf von Akteuren, die den Aufbau einer Nachhaltigen Energieversorgung auf regionaler Ebene voranbringen wollen, und legte damit eine wichtige Basis für dieses Buch.

Sabine Conrad und Patrick Ansbacher - beide Geographen - unterstützten das Autorenteam bei den Recherchen. Sie leisteten darüber hinaus umfangreiche redaktionelle Beiträge für das Buch.

1.3. Die Partner des 100% RENET Projekts

Die Projektpartner der B.A.U.M. Consult GmbH waren Institutionen, die in ihrer Alltagsarbeit ganz konkret an der Einführung und Nutzung Erneuerbarer Energien in ihrer jeweiligen Region arbeiten: Energieagenturen, speziell zum Zweck der Vollversorgung mit Erneuerbaren Energien gegründete Vereine und Ingenieur- und Beratungsbüros aus dem Bereich Erneuerbare Energien. Darüber hinaus waren mehrere Technologiepartner, Kommunalverwaltungen, eine Landwirtschaftsgenossenschaft und der europäische Verband regionaler Energieagenturen FEDARENE Projektpartner von 100% RENET. Eine vollständige Übersicht aller Projektpartner und ihrer Kontaktdaten findet sich auf www.100re.net.

Das 100 % RENET Projekt im Internet: www.100re.net, Projektpartner:

Sechs Projektpartner sind **in den jeweiligen Regionen federführend** für die Umstellung auf Erneuerbare Energien:

- ZIEL 21 - Zentrum Innovative Energien im Landkreis Fürstenfeldbruck e.V.: Verein zur Umstellung der Energieversorgung des Landkreises Fürstenfeldbruck zu 100% auf Erneuerbare Energien bis 2030, Oberbayern, Deutschland. *www.ziel21.de*
- Solarinitiative Mecklenburg-Vorpommern (SIMV) e.V.: Verein zur Förderung Erneuerbarer Energien in Mecklenburg-Vorpommern, Deutschland; Initiator und Koordinator der 100% Erneuerbare-Energien-Region Lübow-Krassow. *www.solarmv.de*
- Oberösterreichischer Energiesparverband: durch seine Tätigkeit hat das Land Oberösterreich mit 1,38 Mio Einwohnern derzeit eine Versorgung mit Erneuerbaren Energien zu über 30% erreicht. *www.esv.or.at*
- MIND CONSULT & RESEARCH GmbH, Steiermark, Österreich: begleitete die Bioenergieregion Mureck im 100% RENET Projekt. *www.mindconsult.com*
- Rhônealpénergie-Environnement, Energieagentur der Region Rhône-Alpes, Frankreich: begleitete im Rahmen des 100% RENET Projekts den Regionalnaturpark Vercors bei Maßnahmen zur Vorbereitung der Vollversorgung mit Erneuerbaren Energien als Kernelement einer regionalen Entwicklungsstrategie. *www.raee.org*
- TRAMA TECNOAMBIENTAL S.L., Ingenieurbüro aus Barcelona, Spanien: begleitete im 100% RENET Projekt die Kommunen L'Hospitalet de Llobregat, Mollet del Vallès, Lliça d'Amut, alle drei Vororte von Barcelona in Katalonien, und die Provinz Huelva, Andalusien, bei der Konzeption und Errichtung von Photovoltaikanlagen. *www.tramatecnoambiental.es*

Die Erfahrungen dieser regionalen Koordinatoren bei der Umstellung auf Erneuerbare Energien wurden im 100% RENET Projekt aufbereitet und sind in dieses Buch eingeflossen. Die damit erfassten Regionen umspannen ein weites Spektrum, sowohl mit Blick auf die Einwohnerzahl, als auch hinsichtlich der wirtschaftlichen und gesellschaftlichen Struktur.

1.4. Kleine und große Regionen

www.seeg.at

Die kleinste Region des 100% RENET Projekts, die Bioenergieregion Mureck in der Steiermark, Österreich, mit knapp 4.000 Einwohnern ist bereits bei 160% Versorgung mit Erneuerbaren Energien angelangt, d.h. sie exportiert Erneuerbare Energie - in der Form von Biodiesel aus genossenschaftlich-bäuerlicher Produktion. Das Beispiel der Bioenergieregion Mureck zeigt auf, was mancher vielleicht noch anzweifelt: **die Vollversorgung mit Erneuerbaren Energien ist möglich und ist bereits Realität.**

Doch nicht nur das Beispiel von Mureck spielte für das Entstehen dieses Buches eine Rolle. Es wurde während des 100% RENET Projektes nämlich ersichtlich, dass es für Regionen mit mehr als einigen tausend Einwohnern erheblich schwieriger ist, nennenswerte Anteile der Energieversorgung mit Erneuerbaren Energien zu decken, als für Kommunen und kleine Regionen. Darum sind für dieses Buch gerade auch die Erfahrungen der Regionen bedeutend geworden, die selbst zwar noch nicht sehr weit sind mit der Nutzung Erneuerbaren Energien, die aber mustergültige Prozesse und Strukturen angelegt haben, mit deren Hilfe auch größere Regionen Erneuerbare Energien erfolgreich einführen können.

1.5. Das Verständnis der praktischen Erfahrung

Hinter jeder guten Praxis steht eine gute Theorie – und sei sie auch, wie bei „Machern" nicht selten der Fall, unausgesprochen und lediglich selbst Quintessenz von Erfahrung oder gutem Gespür. Darum haben wir nicht nur versucht, die Praxiserfahrung von uns und unseren Projektpartnern sowie von mehr als 30 weiteren im Rahmen des Projekts untersuchten, europäischen Regionen zu strukturieren und als Leitfaden für die Praxis aufzubereiten; ergänzend haben wir auch verschiedene Ansätze der systematischen Formulierung von Strategien der nachhaltigen Regionalentwicklung und der Einführung und Nutzung Erneuerbarer Energien untersucht und die darin formulierten Erkenntnisse mit unseren abgeglichen. Dies ist ausführlich in Kapitel I dargelegt.

2. Ein Buch für die Praxis

2.1. Akteure auf der Ebene der Region

Auf sehr kleiner räumlicher Ebene ist eine Vollversorgung mit Erneuerbaren Energien schon vielfach Realität. Neben der Bioenergieregion Mureck gibt es bereits einige Dutzend Gemeinden in Europa, deren Energieversorgung zu fast 100%, zum Teil aber auch zu über 100% mit Erneuerbaren Energien gedeckt wird. Dabei handelt es sich fast durchweg um kleine, ländliche Gemeinden oder Inseln mit maximal einigen tausend Einwohnern.

Auf größerer Ebene, etwa der eines Landkreises, eines Distrikts, eines Bezirks oder auch eines Naturparks oder eines Biosphärenreservats, ist die Aufgabe, zu einer nachhaltigen Energieversorgung zu kommen, ungleich umfangreicher und komplexer.

Dieses Handbuch richtet sich an Personen, Gruppen und Institutionen, die auf solchen größeren Ebenen agieren. Es wird für Akteure aus kleinen Gemeinden sicher nicht uninteressant sein, einige Teile davon werden sie jedoch nicht betreffen.

2.2. Erneuerbare Energien als Mittel der Regionalentwicklung

Man kann sich dem Thema „Erneuerbare Energien“ in vielerlei Weise und mit verschiedener Motivation nähern (vgl. Kapitel V):

1. Umstellung auf Erneuerbare Energien, damit Umwelt und Klima geschont werden – der Ansatzpunkt vieler Initiativen, Agenda-21 Gruppen, Solarvereine u.a.
2. Umstellung auf Erneuerbare Energien zwecks Optimierung der Energieversorgung – der Ansatzpunkt für (regionale) Energieversorger
3. Umstellung auf Erneuerbare Energien als Mittel der Regionalentwicklung – der Ansatzpunkt für Institutionen, deren Blick auf der Region als Ganzes liegt: Landräte, Regionalentwickler, regionale Wirtschaftsförderer, Vereine zur Entwicklung einer Region u.a.

Dieses Buch ist für Personen, Gruppen und Institutionen geschrieben, die den dritten Ansatzpunkt haben, d.h. solche, die die nachhaltige Energieversorgung im Sinne einer Gesamtstrategie auf regionaler Ebene begreifen und einen Prozess der Einführung und Nutzung Erneuerbarer Energien in ihrer Region initiieren oder professionalisieren möchten.

Mithin werden folgende Zielgruppen angesprochen:

- Regionalmanager,
- Mitarbeiter von lokalen und regionalen Energieagenturen,
- regionale und kommunale Wirtschaftsförderer,
- Bürgermeister und kommunale Energie- und Umweltbeauftragte,
- Raumplaner,
- Vertreter regionaler Wirtschaftsverbände und –kammern,
- Aktive aus der lokalen und regionalen Agenda 21,
- Vertreter lokaler und regionaler Solarinitiativen,
- Ehrenamtliche aus Gruppierungen, die sich mit der Frage auseinandersetzen, wie man den Erneuerbaren Energien vor Ort, in der Region, einen größeren Schub geben kann.

Es ist das Anliegen der Autoren, diese Akteure mit dem vorliegenden Buch in ihrem Bemühen um eine nachhaltige Energieversorgung in ihrer Region zu unterstützen. Das Buch soll dabei helfen, den dazu notwendigen Prozess zu strukturieren, die richtigen Partner in der Region zu finden, zu überzeugen und in geeignete Strukturen einzubinden. Es soll aber auch vielfältige Anregungen für Maßnahmen geben, die geeignet sind, den Strukturwandel hin zu einer nachhaltigen Energieversorgung der Region zu erleichtern und zu fördern.

2.3. Ein Platzhalter für Akteursgruppen: Erneuerbare-Energie-Initiativen

Alle der oben genannten Akteure haben wir im Laufe unserer Recherchen als denkbare und in der Praxis anzutreffende Initiatoren und Promotoren von Initiativen zur Einführung und Nutzung Erneuerbarer Energien in Regionen identifiziert. In vielen Regionen in Europa existieren nämlich durchaus schon Ansätze für jene strategisch ausgerichteten Prozesse zur Umstellung auf eine nachhaltige Energieversorgung.

Gruppierungen und Netzwerke, die sich zum Ziel gesetzt haben, dass ihre Region zu einem großen Teil aus Erneuerbaren Energien versorgt wird, und dieses als strategischen Entwicklungsprozess begreifen, bezeichnen wir in diesem Buch als Erneuerbare-Energie-Initiativen.

Die Bezeichnung „Erneuerbare-Energie-Initiativen" dient mithin als Platzhalter und übergreifende Bezeichnung für eine Vielzahl möglicher Personen, Gruppen und Institutionen, die in einer Region einen solchen strategischen Entwicklungsprozess initiieren oder leiten. Dabei ist es unerheblich, ob diese Initiativen aus einem professionellen Hintergrund (also etwa der öffentlichen Verwaltung, dem Regionalmanagement, staatlich geförderten Energieagenturen, regionalen Unternehmen) oder aus dem ehrenamtlichen Bereich (z.B. Umweltverbände, kirchliche Gruppen) entstehen. Wesentlich ist, dass nachhaltige Energieversorgung als gesellschaftliche, viele Interessensgruppen übergreifende Aufgabe verstanden und entsprechend agiert wird.

3. Aufbau dieses Buches

Die Autoren dieses Buches begreifen den Aufbau einer nachhaltigen Energieversorgung in einer Region als strategische Aufgabe. Dieser Grundgedanke ist der rote Faden dieses Buches.
Strategische Planung bzw. strategisches Management ist für uns dabei durch folgende Eigenschaften charakterisiert:

- es hat einen starken Prozessaspekt, muss einem bestimmten Verfahren folgen und basiert auf einem zuvor festgelegten Konzept,
- es muss die handelnden Menschen und Institutionen bereits in die Planung einbinden und sie gemäß ihrer Fähigkeiten, Stärken und Schwächen in der Umsetzung einsetzen und
- es braucht eine Vielfalt unterschiedlicher Aktivitäten und Instrumente, die dem gemeinsamen Ziel dienen.

Dem folgend beschreiben wir hier das (idealtypische) Vorgehen einer regionalen Erneuerbare-Energie-Initiative, geben Hinweise, bringen Beispiele und verweisen auf Instrumente für solche Initiativen.

3.1. Kapitel I: Grundlegende Überlegungen

Kapitel I fasst sowohl die wissenschaftlichen Ergebnisse des 100% RENET Projekts zu regionalen 100% Erneuerbare-Energie-Prozessen zusammen als auch verschiedene **Diskussionsansätze aus den „Welten" der nachhaltigen Regionalentwicklung und Erneuerbare Energien.** Das Ziel dieses Buches ist ein fruchtbarer Brückenschlag zwischen diesen beiden Welten. Kapitel I bereitet dafür, und für die folgenden, handlungsorientierten Kapitel, die gedanklichen Grundlagen.

3.2. Kapitel II: Der Prozess des Aufbaus regionaler Erneuerbare-Energie-Initiativen

In Kapitel II wird idealtypisch der Prozessablauf eines regionalen Strukturwandels hin zu einer nachhaltigen Energieversorgung auf der Basis Erneuerbarer Energien dargestellt.

Der Leser erfährt, welche Schritte von der ersten Zusammenkunft einer kleinen Anzahl von Initiatoren einer Erneuerbare-Energie-Initiative bis zur Fertigstellung eines regionalen Erneuerbare Energie-Konzepts und dessen Umsetzung zu gehen sind.

Der gesamte Prozess wird als **rückgekoppelter Managementzirkel** mit den Bestandteilen Vorbereitung, Konzepterstellung, Umsetzung und Evaluation aufgefasst. Dabei wird insbesondere deutlich gemacht, welche Akteure auf welche Art einzubinden sind.

Der regionale Erneuerbare-Energie-Prozess

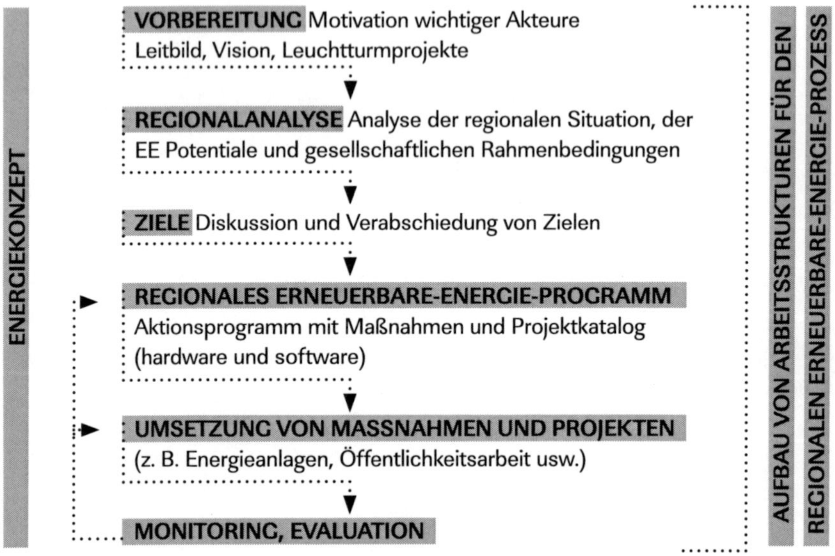

3.3. Kapitel III: Strukturen für regionale Erneuerbare-Energie-Initiativen

Das Kapitel III befasst sich mit den Strukturen regionaler Erneuerbare-Energie-Initiativen. Es trägt der Erkenntnis Rechnung, dass es sich bei einer Umstellung auf eine nachhaltige Energieversorgung um einen tiefgreifenden Strukturwandel handelt, der einen breiten gesellschaftlichen Konsens in der Region und eine langfristige Herangehensweise erfordert. Es wird deshalb vorgeschlagen, mittelfristig eine Struktur aufzubauen, die in der Lage ist:

- unterschiedliche, gesellschaftliche Kräfte hinter dem Ziel der Initiative zu vereinigen,
- die Aktivitäten dauerhaft zu tragen und
- sowohl den wirtschaftlichen als auch den gemeinnützigen Aspekten der Entwicklung Erneuerbarer Energien Rechnung zu tragen.

Wir stellen deshalb in diesem Buch die Grundlinien einer **dualen Struktur** dar, die im Kern aus zwei Elementen besteht:

- einem (möglichst gemeinnützigen) heterogenen Netzwerk zur ideellen Unterstützung der Erneuerbaren-Energie-Initiative und
- einer wirtschaftlich orientierten Firma bzw. einem Firmenverbund.

Neben dieser dualen Grundstruktur wird der Blick noch auf zwei weitere essentielle Elemente einer regionalen Struktur zur Umsetzung einer nachhaltigen Energieversorgung gerichtet: Das zentrale Koordinationsbüro als operationelle Einheit der Erneuerbare-Energie-Initiative sowie die so genannten Kümmerer, die als zentrale Antreiber und Integrationsfiguren die eher repräsentativen und strategischen Aufgaben übernehmen.

Die unterschiedlichen strukturellen Bestandteile werden erläutert und anhand vieler Praxisbeispiele veranschaulicht.

3.4. Kapitel IV: Strategien regionaler Erneuerbare-Energie-Initiativen

Kapitel IV beschäftigt sich mit einigen zentralen strategischen Ansätzen regionaler Erneuerbare-Energie-Initiativen, die wir in unserer eigenen, praktischen Erfahrung im Laufe unserer Forschung im Projekt 100% RENET identifizieren konnten. Die Ausführungen sensibilisieren für einige zentrale Engpässe und Barrieren, die einer nachhaltigen Energieversorgung von Regionen entgegen stehen können:

- mangelnde Innovationskraft und ungenügende, wirtschaftliche Stärke der regionalen Unternehmen,
- mangelndes Bewusstsein, Wissen oder Interesse bei regionalen Verbrauchern,
- mangelnde Kommunikation zwischen potenziellen Anbietern und Nachfragern,
- Kapitalmangel.

Es wird gezeigt, mit welchen strategischen Ansätzen regionale Erneuerbare-Energie-Initiativen in der Lage sind, diesen Problemen zu begegnen. Die bewusste **Definition einer geeigneten regionalen Strategie** wird dabei als zentraler Hebel dargestellt, um die Mittel und Kräfte der regionalen Erneuerbare-Energie-Initiative effizient zuteilen und einsetzen zu können.

3.5. Kapitel V und VI: Instrumente und Maßnahmen für regionale Erneuerbare-Energie-Initiativen

In den letzten beiden Kapiteln des Handbuchs wird eine Vielfalt an geeigneten Maßnahmen zusammengetragen, die eine regionale Erneuerbare-Energie-Initiative ergreifen kann, um die Wende zu einer nachhaltigen Energieversorgung in der Region voranzutreiben. Technologien und Erneuerbare-Energie-Anlagen stehen dabei, wie bereits dargestellt, nicht im Vordergrund der Ausführungen. Unser Wissen um diese Technologien und ihre spezifischen Eigenschaften ist jedoch in die Formulierung dieser Kapitel mit eingeflossen.

Dagegen wird mit vielen Beispielen und Hinweisen auf unterstützende Werkzeuge ausführlich auf den Bereich **Kommunikation und Öffentlichkeitsarbeit** eingegangen. Dieser Bereich bildet einen Schwerpunkt der Ausführungen zu den Instrumenten und Maßnahmen und wird deshalb in einem eigenständigen Kapitel dargestellt (Kapitel V).

In Kapitel VI werden darüber hinaus die Bereiche

- Beratung, Aus- und Weiterbildung,
- Bereitstellung von kundenfreundlichen Komplettangeboten,
- Nutzung von Erneuerbaren Energien als Tourismusattraktion,
- Angebot kleinteiliger regionaler Finanzierungsmodelle,
- rechtliche Instrumente auf lokaler und regionaler Ebene
- sowie lokale und regionale Förderprogramme

als mögliche Maßnahmen für Erneuerbare-Energie-Initiativen thematisiert.

3.6. Nutzung als Nachschlagewerk

Bei allen Ausführungen lag den Autoren vor allem daran, den Akteuren in der Praxis die gedankliche Vorstrukturierung der vielen möglichen Aktivitäten und die Suche nach nachahmenswerten Beispielen zu erleichtern.

Dieses Handbuch enthält darum Hinweise und Hilfestellungen für regionale Erneuerbare-Energie-Prozesse, die sich über Monate, bzw. Jahre erstrecken. Dieses Buch ist nicht konzipiert, um „in einem Rutsch" durchgelesen zu werden. Es ist vielmehr als Nachschlagewerk zu verstehen, in dem der Leser immer wieder, je nach Status der Erneuerbare-Energie-Initiative im Prozess, nachlesen und sich Anregung geben lassen kann.

Ergänzt werden diese Hinweise um Werkzeuge (Checklisten, Handlungsanleitungen etc.), die auf der Internetseite des RENET Projektes, www.100re.net, unter der Rubrik „Instrumente und Aktivitäten" zum Download bereitstehen. Auf diese Werkzeuge wird mit dem nebenstehenden Symbol an den entsprechenden Stellen im Handbuch hingewiesen.

Diesem Charakter eines Nachschlagewerks dient auch der Aufbau der einzelnen Abschnitte:

100RE.net

In den Text sind neben den oben genannten Tools immer wieder Beispiele aus den RENET-Partnerregionen, aber auch aus vielen anderen europäischen Gebieten eingeflochten. Sie werden mit den nebenstehenden Zeichen kenntlich gemacht.

Darüber hinaus haben wir an vielen Stellen besonders wichtige Hinweise gesondert herausgehoben und mit einem Ausrufezeichen gekennzeichnet.

Erneuerbare Energien und nachhaltige Regionalentwicklung

Kapitel I

1. Zwei Welten interessieren sich für einander

1.1. Erneuerbare Energien und nachhaltige Regionalentwicklung sind zunächst zwei Welten

Dieses Buch stellt Erneuerbare Energien und nachhaltige Regionalentwicklung in einen gemeinsamen Kontext. Dies erscheint manchen vielleicht als trivial, anderen jedoch als ungewöhnlich. In der Tat begegnen sich hier zwei „Welten". In der Welt der Erneuerbaren Energien agieren vor allem Akteure, die vor dem Hintergrund des dramatischen Klimawandels und der Umweltzerstörung in Erneuerbaren Energien ein sehr vielseitiges Heilmittel sehen – nicht zu Unrecht, wie wir noch näher ausführen werden. Daneben spielt eine Rolle, dass Erneuerbare Energien eine Zukunftstechnologie sind, in der Europa eine Vorreiterrolle einnimmt, und mittlerweile auch ein Wirtschaftszweig mit Wachstumsraten, die sonst nur die Informations- und Kommunikationstechnologie kennt.

In der Welt der nachhaltigen Regionalentwicklung müssen Erneuerbare Energien nicht zwangsläufig vorkommen. Hier dominierten bis vor kurzem auch andere Themen wie ökologischer Landbau und Lebensmittelproduktion, regionale Vermarktung zur Vermeidung von Transportwegen und Stärkung der regionalen Wirtschaft etc. Die Erkenntnis, dass **gerade Erneuerbare Energien ein hervorragendes Mittel der nachhaltigen Regionalentwicklung** sind – die Kernthese, auf der dieses Buch aufbaut – setzt sich jedoch langsam durch und zeigt sich in einer zunehmenden Zahl von Aktivitäten im Bereich Erneuerbare Energien durch Akteure der Regionalentwicklung.

1.2. Der globale Kontext: Erneuerbare Energien werden unumgänglich

Wir teilen die Ansicht, dass eine Wende hin zu einer nachhaltigen Energieversorgung, durch eine Kombination von höherer Energieeffizienz einerseits und der Umstellung der Energieversorgung auf Erneuerbare Energien andererseits, notwendig und unvermeidlich ist. Dies ist längst keine exotische Auffassung mehr. Vielmehr wird diese Meinung, spätestens als Reaktion auf die seit Mitte 2004 stetig steigenden Ölpreise, von vielen politischen, wissenschaftlichen und gesellschaftlich relevanten Akteuren vertreten.

Die International Energy Agency (IEA) beispielsweise, eine Organisation der OECD, weist in ihrem Bericht zur Zukunft der globalen Energieversorgung, dem World Energy Outlook 2004, eindringlich auf die Probleme der bestehenden Energieversorgung hin: Sie konstatiert zwar noch, dass für den Zeitraum der Prognose bis 2030 ausreichend fossile Rohstoffe zur Deckung der global stark steigenden Energienachfrage zur Verfügung stehen. Sie räumt jedoch bereits ein, dass diese in nächster Zeit, noch stärker als heute, in Krisenregionen der Erde konzentriert sein werden. Neben den damit verbundenen Lieferunsicherheiten wird die Erschließung erhebliche Investitionen erfordern. Daneben wird im World Energy Outlook 2004 der globale Klimawandel als ernsthafte Bedrohung beschrieben.

In einem Alternativszenario zum „business as usual" werden in der Studie außerdem die Auswirkungen eines forcierten Ausbaus regenerativer Energien prognostiziert und berechnet. Im Ergebnis werden die Emissionen von Klimagasen reduziert. Gleichzeitig verringert sich die Abhängigkeit von Energieimporten. Interessanterweise prognostiziert die IEA, dass die Kosten in beiden Szenarien annähernd gleich sein werden.

Es liegt also mehr und mehr auf der Hand: Eine Wende hin zu den Erneuerbaren Energien muss und wird kommen.

1.3. Der Wechsel hin zu Erneuerbaren Energien bedingt einen Strukturwandel

In diesem praxisorientierten Handbuch kann nicht in voller Tiefe der Zusammenhang von Erneuerbaren Energien und regionalem Strukturwandel diskutiert werden. Wir belegen die hier aufgestellten Thesen wo immer möglich, müssen aber einige davon als plausible Annahmen stehen lassen.

Plausibel und im Einklang mit den Aussagen der IEA und vieler anderer internationaler Organisationen ist die Erkenntnis, dass die Energieversorgung weltweit immer mehr auf Erneuerbaren Energien beruhen muss. Plausibel ist auch, dass eine solche Veränderung einen erheblichen **Strukturwandel** mit sich bringen wird, der nicht nur Gewinner haben kann. Es wird also Menschen, Unternehmen und Institutionen geben, deren Bedeutung und deren Ertragsmöglichkeiten sinken werden. Und es wird Menschen, Unternehmen und Institutionen geben, die von dem Wandel profitieren werden.

Dieser Wandel hat, wie jede andere wirtschaftliche Umwälzung auch, unmittelbare Auswirkungen auf das wirtschaftliche Gefüge vieler Regionen. Wenn wir in diesem Buch von Region sprechen, denken wir an Raumgrößen, die größer sind als eine Kommune, aber kleiner als etwa ein deutsches Bundesland. Im Sprachgebrauch der offiziellen EU-Regionalstatistik (Nomenclature of territorial units for statistics – NUTS) betrachten wir vorwiegend die Ebenen NUTS 2 und NUTS 3 sowie kommunenübergreifende Gebiete (LAU1) Dabei ist zunächst anzunehmen, dass diejenigen Regionen von der Energiewende profitieren werden, die entweder über vorteilhafte naturräumliche Bedingungen verfügen und / oder die Herausforderungen – etwa durch gezielte Förderung der entsprechenden Wirtschaftsstrukturen – offensiv angehen und sie ggf. als Chance begreifen. Regionen, die dies nicht tun, werden nicht oder nicht optimal von der Umstellung auf Erneuerbare Energien profitieren.

So ist es beispielsweise vorstellbar, dass große Ölkonzerne die landwirtschaftlichen Flächen ganzer Regionen aufkaufen, um darauf Energiepflanzen zur Biotreibstoffproduktion anzubauen. Diese kann in zentralen Raffinerien, d.h. in der Regel außerhalb der betroffenen Regionen erfolgen. Die so „aufgekauften"

Regionen dienen dann zwar der Bereitstellung Erneuerbarer Energie, haben selbst aber nur sehr wenig davon; Wertschöpfung und Arbeitsplätze außerhalb der Grundstoffproduktion entstehen woanders. Entscheidend für die volle Entfaltung der möglichen positiven Effekte der Nutzung Erneuerbarer Energien ist also, **WIE der Wandel hin zur dieser Nutzung erfolgt.**

Es gibt dabei prinzipiell drei mögliche Reaktionen regionaler Entscheidungsträger in Politik, Wirtschaft und Gesellschaft auf diese Entwicklung:

1. Zuschauen und abwarten, was passiert;
2. versuchen, die alten Strukturen so lange zu bewahren, wie möglich (z.B. Abfederung des Strukturwandels durch Subventionen);
3. pro-aktiv die sich bietenden Chancen ergreifen und z.B. aufkommende neue Wirtschaftszweige im Bereich Erneuerbarer Energien unterstützen.

Es wird den Leser wenig überraschen, dass die Autoren dieses Buches für die letzte Möglichkeit plädieren – dieses Buch ist schließlich dafür geschrieben, diejenigen zu unterstützen, die sich für die dritte Option entscheiden. Es ist aus unserer Sicht keine Frage, dass Regionen, wollen sie nicht von einer unvermeidlichen Entwicklung abgehängt werden, den Strukturwandel aktiv gestalten müssen.

Aber wie geht das? Und wer soll das tun? Schließlich ist „die Region" keine Person oder Institution, die etwas gestalten könnte.

Als erstes denkt man wohl an die „Politik" als tragenden Akteur eines solchen Wandels. Sicher ist es von Vorteil, wenn regional verantwortliche, politische Entscheidungsträger hinter dem Ziel einer Energiewende stehen und versuchen, Rahmenbedingungen entsprechend zu gestalten und zu beeinflussen, oder finanzielle Mittel zur gezielten Unterstützung des Strukturwandels mit Erneuerbaren Energien bereitstellen.

Die zweite Akteursgruppe, die einem sofort in den Sinn kommt, sind Energieversorgungsunternehmen. Ein Strategiewechsel hin zu Erneuerbaren Energien kann auch hier sicherlich viel bewirken.

Dennoch: für eine wirkliche Energiewende, von der eine Region optimal profitiert, werden Aktivitäten dieser beiden Gruppen nicht ausreichen. Für eine Umstellung auf eine nachhaltige Energieversorgung müssen viele Akteure ihr Verhalten ändern:

- Handwerker müssen ihr Angebot anpassen,
- Hausbesitzer müssen ihre Energieversorgung überdenken,
- Unternehmen müssen ihre Produktion energieeffizienter gestalten,
- Energieverbraucher müssen ggf. bereit sein, höhere Preise zu akzeptieren,
- reine Energiekonsumenten müssen darüber nachdenken, zu Produzenten zu werden
- Bildungsträger und Schulen müssen ihre Lehrpläne umgestalten usw.

Daraus folgt die Notwendigkeit, ein breites Bündnis für die Unterstützung einer solchen Energiewende zu gewinnen.

Darüber hinaus sollte man den folgenden Aspekt nicht vergessen: Die Umstellung auf eine nachhaltige Energieversorgung hat nicht nur mit kurzfristigen wirtschaftlichen Erwägungen zu tun, sondern auch mit gesellschaftlicher Verantwortung, denn:

- Die Veränderung muss so gestaltet werden, dass es möglichst wenige Verlierer gibt.
- Es geht um die Gestaltung einer Energieversorgung, die nicht nur langfristig wirtschaftlich tragfähig, sondern auch umwelt- und klimaverträglich ist und gleichzeitig ein hohes Maß an Versorgungssicherheit gewährleistet.

1.4. Ansätze in der Welt der Regionalentwicklung

Die Regionalentwicklung beschäftigt sich seit Jahrzehnten mit der Frage, wie Strukturwandelprozesse mit möglichst geringen Friktionen in den Griff zu bekommen sind. Seit ca. 10-15 Jahren befasst sich darüber hinaus die so genannte nachhaltige Regionalentwicklung mit dem Strukturwandel hin zu einer Wirtschaftsweise, die ökonomisch tragfähig und zugleich ökologisch sowie sozialverträglich ist. Dabei spielen die folgenden Charakteristika eine herausragende Rolle:

- Die nachhaltige Regionalentwicklung setzt auf eine intensive Kommunikation und Kooperation der regionalen Unternehmen und Verbraucher, aber auch anderer wichtiger Akteure, wie Umweltverbände, Verwaltung und Kirche.
- Sie setzt auf Netzwerke und andere Formen der informellen Zusammenarbeit, um gemeinsam Lösungen für einen möglichst reibungsfreien Übergang in Strukturwandelsituationen zu erarbeiten.
- Sie setzt nicht zuletzt auch stark auf bürgerschaftliches Engagement, weil sie erkennt, dass eine wirtschaftliche Entwicklung, die ökonomisch tragfähig und zugleich ökologisch sowie sozialverträglich ist, nicht allein Sache der Unternehmen oder gar des Staates sein kann, sondern mindestens ebenso sehr auf ein verantwortliches Handeln von Verbrauchern, Energienutzern, Freizeitaktiven etc. angewiesen ist.

Die nachhaltige Regionalentwicklung hat sich deshalb sehr eingehend mit Verfahren, Prozessen, Strukturen und Instrumenten auseinandergesetzt, die eine solche **gesellschaftlich verantwortliche** Herangehensweise an den Strukturwandel ermöglichen. Dies sind Erfahrungen, die beim Übergang zu einer nachhaltigen Energieversorgung von großem Nutzen sein können.

Es ist das zentrale Anliegen dieses Buches, diese Erfahrungen für das Feld Erneuerbare Energien nutzbar zu machen.

2. Zwei Welten gehen aufeinander zu

2.1. Das Konzept der „Integration Erneuerbarer Energien"

Ab Anfang der 1990er Jahre des letzten Jahrhunderts tauchten die Begriffe „Integration Erneuerbarer Energien" und „Rahmenbedingungen" in der Diskussion über Erneuerbare Energien und auch in den Ausschreibungen der Europäischen Kommission zu Förderprojekten für Erneuerbare Energien auf. Dies bedeutete einen qualitativen Schritt nach vorn, weg von der Ausschließlichkeit einer Diskussion, die sich um Wirkungsgrade, Potenziale und Kosten der damals sowieso noch überhaupt nicht wirklich industriell gefertigten Anlagen drehte.

Der Hintergrund war die Erkenntnis, dass sich Erneuerbare Energien nicht unbedingt in jenen Regionen entfalteten, die im Hinblick auf ihre Ressourcen am besten dafür geeignet schienen, ja nicht einmal, dass sich die am weitesten entwickelten Technologien am ehesten durchsetzten. Somit konnten **weder die technische Reife noch das Potenzial ausschlaggebende Faktoren** für deren tatsächliche Nutzung sein. Besonders auffällig war unter anderem die Beobachtung, dass die Nutzung der Windkraft sich im eher windschwachen Deutschland erheblich schneller entfaltete als im windgesegneten Irland oder in Großbritannien. Österreich entwickelte die Nutzung der Solarwärme schneller als die südlichen, europäischen Länder Italien und Spanien – die Liste ließe sich fortführen.

Forschungsprojekte, wie das von EUROSOLAR im APAS/ RENA Programm der Europäischen Kommission Mitte der 90er Jahre durchgeführte Projekt, welches den Leitfaden „Erneuerung von Städten und Gemeinden mit Erneuerbaren Energien" hervorbrachte, entwickelten daraufhin eine Vielzahl von Ansätzen der „Integration Erneuerbarer Energien" und der **„Berücksichtigung von Rahmenbedingungen".** Diese Ansätze lassen sich an Hand des jeweils betrachteten „Rahmens" unterscheiden. „Integration Erneuerbarer Energien" bedeutet eine Zusammenschau von einer Technologie und dem jeweiligen, spezifischen Rahmen ihrer Anwendung. Die konkreten Formen der Integration Erneuerbarer Energien in verschiedene Rahmen verdeutlichen diese zunächst abstrakt anmutende Konzeption:

Physische Integration: Die schlichteste aller Formen der Integration Erneuerbarer Energien ist zunächst deren simple Anwendung. Geschieht dies durch Personen oder Institutionen mit einer gewissen Reputation oder einem Vertrauensvorschuss an herausgehobenen Stellen, werden diese Anlagen zu Pilotanlagen und Beispielen, die zur Nachahmung anregen. Dadurch werden Vorbehalte in Teilen der Bevölkerung, zum Beispiel hinsichtlich des grundsätzlichen Funktionierens von Anlagen zur Nutzung Erneuerbarer Energien, verringert. Alle PV-Anlagen auf Schulen, Rathäusern, Kirchen und an anderen exponierten Orten zählen zu den in dieser Weise besonders wirkenden Anlagen.

Architektonische Integration: Eine Grundschwierigkeit für die Anwendung Erneuerbarer Energien in Gebäuden war und ist immer noch die Zurückhaltung vieler Architekten, die PV-Module oder Solarkollektoren für unästhetisch und mit guter Architektur unvereinbar halten. Zu den als Antwort auf diese Haltung entwickelten Vorgehensweisen gehören alle Arten der Einpassung an oder Verbindung mit Bauelementen von PV-Modulen, Solarkollektoren und sonstigen Komponenten zur Nutzung von Sonnenlicht und –wärme. Umgekehrt hat der Dialog über die architektonische Integration Erneuerbarer Energien den Blick innerhalb der „Erneuerbaren-Energie-Szene" geweitet und auf Aspekte gelenkt, die zuvor weniger beachtet waren: Deckung der energetischen Bedürfnisse durch entsprechende Gestaltung des Gebäudes selbst (Solararchitektur) – noch bevor Solaranlagen im engeren Sinne zur Anwendung kommen, Bedeutung der Materialwahl (Berücksichtigung der für die Produktion von Materialien benötigten Energie, der sogenannten „grauen" Energie), Bedeutung der Stadtplanung (Stadt der kurzen Wege, Einfluss von Gebäudeorientierung und –geometrie auf natürliches Licht, Belüftung, Wärme-/ Kühlungsbedarf).

Gesetzliche Integration: Auf der Ebene von Kommunen sind Beispiele für gesetzliche Integration die Solarverordnung von Barcelona (vgl. auch Kapitel VI), die vorschreibt, dass neue Gebäude mit Solaranlagen ausgestattet werden müssen – sie wurde mittlerweile auf ganz Spanien übertragen. Auch in Deutschland gehen einige Kommunen (z.B. Vellmar) erste Schritte in diese

Richtung. Die kostendeckende Vergütung von Solarstrom durch kommunale Stadtwerke in Deutschland ist ein weiteres Beispiel – dieses wurde bekanntermaßen mittlerweile im EEG auf ganz Deutschland übertragen. Neben den Gesetzen und Verordnungen, die Erneuerbare Energien direkt fördern, sind aber gesetzliche Regelungen denkbar, die dies indirekt tun, etwa die Verpflichtung von Finanzberatern, immer auch auf die Möglichkeit der nachhaltigen Geldanlage, z.B. in Fonds für Erneuerbare Energien hinzuweisen – Finanzberater sind ja auch verpflichtet, auf finanzielle Risiken von Geldanlagen hinzuweisen.

Administrative Integration: Unterhalb der Ebene von Gesetzen und Verordnungen, die Erneuerbare Energien gezielt behandeln und fördern, betrifft die administrative Integration die schlichte Berücksichtigung Erneuerbarer Energien in Verwaltungsprozessen, die in der Regel nicht primär mit Erneuerbaren Energien, ja nicht einmal primär mit Energie zu tun haben. Etwa die Vorschrift, bei der elektrischen Versorgung von Kleingeräten wie Parkautomaten grundsätzlich die – oft günstigere – Versorgung mit einem solaren Inselsystem prüfen zu müssen. Oder die Umformulierung von Vorschriften zur Regelung des Umgangs mit Motorentreibstoffen, etwa bezüglich Lagerung und Brandschutz, die auch zulässt, einen Motortreibstoff als nicht leicht entflammbar und nicht Grundwasser gefährdend einzuordnen – was bei Pflanzenöl der Fall ist und diesem dann die Tür öffnet.

Finanzielle Integration: Berücksichtigung von Erneuerbaren Energien in Finanzierungsmechanismen oder umgekehrt, Schaffung neuer und Anwendung bestehender Finanzierungsmechanismen auf Erneuerbare Energien. Die Wind- und Solarfonds, Betreibergesellschaften und andere sind Beispiele, wie existierende Finanzierungsmechanismen auf Erneuerbare Energien angewandt werden können. Auch spezielle Kredite für Erneuerbare Energien gehören dazu. Die Erwähnung von Anlagemöglichkeiten für Erneuerbare Energien in Finanzberatungsgesprächen wäre ein Beispiel der Berücksichtigung von Erneuerbaren Energien in Finanzierungsmechanismen.

Soziale Integration: Bestimmte Formen der finanziellen Integration Erneuerbarer Energien sind, sofern sie gezielt eingesetzt werden, um soziale Ziele zu erreichen, auch Formen der sozialen Integration. Dazu gehören zum Beispiel besonders günstige Beteiligungsmöglichkeiten an Windparks für Bewohner der näheren Umgebung. Diese beseitigen im Verbund mit einer fundierten Informationspolitik der Windparkinitiatoren leicht lokale Vorbehalte gegenüber Windparks. Solaranlagenbetreibergemeinschaften bieten oft die Möglichkeit, bereits mit sehr kleinen Beträgen Gesellschafter zu werden und so entsteht eine Verknüpfung lokaler (sozialer) Kriterien mit Beteiligungsmöglichkeiten.

Planerische Integration: Einige Kommunen haben bereits ganze Stadtteile von vorn herein so geplant, dass Erneuerbare Energien einen Teil (z.B. Neckarsulm-Amorbach) oder 100% des Energiebedarfs (z.B. Hafen Malmö) decken.

Strukturelle Integration: Der Landkreis Fürstenfeldbruck ist ein Beispiel für eine gelungene strukturelle Integration: Im Verein ZIEL 21 e.V., der den alleinigen Satzungszweck hat, den Landkreis binnen 30 Jahren zur Vollversorgung mit Erneuerbaren Energien zu bringen, ist ein breites Spektrum an gesellschaftlichen Gruppen und Institutionen des Landkreises vertreten, deren Mitwirkung für das Erreichen des ambitionierten Ziels der Vollversorgung mit Erneuerbaren Energien notwendig ist. Die Geschäftsstelle von ZIEL 21 ist in das Landratsamt von Fürstenfeldbruck integriert.

Die hier skizzierte Liste der Formen von Integration Erneuerbarer Energien in spezifische Kontexte ist mit den genannten Beispielen sicher nicht vollständig. Auch sind andere Formen der Integration oder auch andere Formen der Strukturierung des Phänomens „Integration Erneuerbarer Energien" denkbar. Unabhängig davon ist allen Formen der Integration Erneuerbarer Energien jedoch Folgendes gemeinsam:

1. Es handelt sich um die besondere Berücksichtigung des Zusammenspiels von Erneuerbaren Energien und einem bestimmten Kontext ihres Einsatzes: Bausubstanz einer Stadt, einzelne Gebäude/ Architektur, Gesetze, Verordnungen, Verwaltungsvorschriften, Finanzierungsmodelle, soziale Gruppen, Bauleitplanung, Gesellschaft.
2. Bei jeder dieser „Integrationen" geht es darum, einen oder jeweilige spezifische Vorteile der Option Erneuerbare Energie auszuschöpfen: Kostenvorteil gegenüber der Nutzung konventioneller Energie (etwa durch Einsparung

von Leitungen), lokale oder regionale Wertschöpfung, Beitrag zur Stärkung der lokalen oder regionalen Identität und sozialer Bindungen, Senkung der lokalen Umweltverschmutzung.

3. Bei jeder dieser „Integrationen" werden Hindernisse überwunden, die sich der Anwendung Erneuerbarer Energien in den Weg stellen. Dabei geht es meistens darum, dass Erneuerbare Energien überhaupt beachtet werden, vor allem wo sie direkte Vorteile bieten, weniger darum, einen Nachteil Erneuerbarer Energien im Vergleich mit anderen Optionen zu kompensieren.
4. Bei jeder dieser „Integrationen" werden Erneuerbare Energien mit jeweils neuen Bereichen von Lebenswirklichkeit in Berührung gebracht. Diesen Lebenswirklichkeiten entsprechen, mehr oder weniger eindeutig, meist auch verschiedene soziale Milieus, Berufsgruppen, „Welten": Stadtplaner, Architekten, Finanzberater und andere.

Alle oben genannten Formen der Integration Erneuerbarer Energien, ausgenommen die planerische und die strukturelle Integration, haben eines gemeinsam: sie setzen sich im Wesentlichen mit einer Kategorie von Schwierigkeit auseinander, der Erneuerbare Energien begegnen können, und bieten Lösungsansätze auf einer spezifischen Ebene, bzw. für die Integration in einen spezifischen Kontext oder Rahmen an. Sie berühren auch nur jeweils eines oder wenige Milieus, „Welten", Berufsgruppen, etc. Diese Formen der Integration können, wenn sie isoliert angewandt werden, von ihrer Art her dort zum Einsatz kommen, wo Erneuerbare Energien erst einen kleinen Teil des Energiebedarfs decken.

Die planerische und die strukturelle Integration weisen darüber hinaus und führen zur nächsten Stufe der Entwicklung, welche mit „nachhaltigen Gemeinden" oder „100% EE-Gemeinden" überschrieben wird.

2.2. Nachhaltige Gemeinden oder 100% EE-Gemeinden

Das Aufkommen von „nachhaltigen Gemeinden“ oder „100% Erneuerbare-Energie (EE)-Gemeinden“ steht in der Linie des Ansatzes der „Integration Erneuerbarer Energien“ und ist auch seit dem 5. EU-Forschungsrahmenprogramm ein Förderschwerpunkt der Europäischen Kommission – das 100% RENET Projekt, in dessen Rahmen dieses Handbuch erstellt wurde, fällt in diesen Kontext. Zunächst ist zu betonen, dass zu 100% mit Erneuerbaren Energien versorgte Gemeinden keine Konzeption sind, die noch der Umsetzung harrt, sondern Realität: **es gibt bereits einige Dutzend Gemeinden** in Europa, deren Energieversorgung zu fast 100%, zum Teil aber auch zu über 100% mit Erneuerbaren Energien gedeckt wird.

Es handelt sich dabei fast durchweg um kleine, ländliche Gemeinden mit maximal einigen tausend Einwohnern. Deren typischer Mix Erneuerbarer Energien lässt sich wie folgt umreißen:

- Ein Windpark oder Kleinwasserkraftwerk, das den Großteil der Stromversorgung auf Erneuerbare Energien umstellt – und zum Teil erlaubt, Strom aus der Gemeinde zu exportieren.
- Ein Nahwärmenetz, gespeist aus einem zentralen Heizwerk, das mit Biomasse befeuert wird.
- Eine Anlage zur Erzeugung eines erneuerbaren Treibstoffes, meist Biodiesel.

Typisch für diese kleinen 100% Gemeinden ist auch, dass es in der Regel eine sehr sichtbare und hochengagierte Person gibt, die Initiator und Motor der Umstellung auf Erneuerbare Energien ist – ein „Kümmerer“ (vgl. Kapitel III).

Die in diesem Buch insbesondere in Kapitel II und III dargestellten Verfahren und Strukturen sind für solche kleinen Gemeinden nicht oder nur eingeschränkt von Bedeutung! Mit einer einzelnen oder einer kleinen Gruppe von hochengagierten Personen – gleichgültig ob Bürgermeister, Unternehmer oder Pfarrer – ist auf der Ebene dieser kleinen Gemeinde, wenn das soziale Netz funktioniert, schon sehr viel erreichbar in Sachen Erneuerbare Energien.

Anders ist es jedoch, sobald die Größe einer Gemeinde 1.000-2.000 Einwohner überschreitet oder eine ganze Region betrachtet wird. Dann bedarf es nämlich über einen engagierten Mitbürger und seine Helfer hinaus weiterer Dinge. Die in diesem Buch dargestellten Verfahren und Strukturen greifen zwar die Erfahrung kleiner Gemeinden auf, sollen aber vor allem diesen **größeren Gemeinden und Regionen** eine Hilfestellung bieten, für die es noch keine bis wenige Vorbilder der totalen Umstellung auf Erneuerbare Energien gibt. In der Einleitung wurde bereits erläutert, dass die Autoren dabei sehr stark auf die Erfahrungen zurückgreifen, die sie im Rahmen ihrer Forschungsarbeiten und Beratungstätigkeiten zur nachhaltigen Regionalentwicklung gewonnen haben.

2.3. Nachhaltige Regionalentwicklung

Die nachhaltige Regionalentwicklung ist ein Konzept, das versucht, die klassische Regionalentwicklung um die Dimension der Nachhaltigkeit zu ergänzen. „Klassische" Regionalentwicklung kreist sehr stark um Themen wie Ansiedlung von Unternehmen und Bestandspflege, Innovations- und Exportförderung, Entwicklung des Tourismus u.a. Während es bei der „klassischen" Regionalentwicklung vielfach um nachholende Wirtschaftsentwicklung strukturell benachteiligter Regionen (ländliche Räume, altindustrielle Gebiete) geht, ist die Entwicklung der regionalen Ökonomie bei der nachhaltigen Regionalentwicklung nur ein Aspekt, der gleichwertig neben der Ökologie und sozialen Zielen steht. Deshalb sind durchaus auch ökonomisch prosperierende Regionen Zielgebiete einer nachhaltigen Regionalentwicklung.
In den letzten Jahren finden die Erkenntnisse, Lösungsvorschläge und Instrumente, die in der Diskussion zur nachhaltigen Regionalentwicklung entstanden sind, zunehmend Eingang in die offizielle Regionalpolitik, so z.B. in der EU-Initiative LEADER+, im Rahmen des Förderprogramms „Regionen Aktiv" des deutschen Bundesministeriums für Verbraucherschutz, Ernährung und Landwirtschaft oder seit neuestem in der deutschen Gemeinschaftsaufgabe Agrarstruktur und Küstenschutz.

Themen der nachhaltigen Regionalentwicklung sind z.B. nach ökologischen Kriterien angebaute und regional vertriebene Lebensmittel, sanfter Tourismus oder die gezielte Förderung regionaltypischer Produktionen. Dabei liegt die Verbindung von Regionalentwicklung und Nachhaltigkeit oft auf der Hand. Stichwörter sind: kurze Transportwege, größere ökologische Verträglichkeit regionaltypischer Produktionsweisen und Produkte, Nutzung regionaler Ressourcen in der Region (regionale Stoffkreisläufe), soziale Nachhaltigkeit durch Stärkung regionaler Netzwerke etc. Vor diesem Hintergrund scheint sich die Betrachtung Erneuerbarer Energien in diesem Zusammenhang quasi aufzudrängen.

Dabei kann die Wechselwirkung zwischen den beiden Themen „Erneuerbare Energien" und „nachhaltige Regionalentwicklung" generell von zwei Seiten betrachtet werden:

- Wirkung bzw. Einfluss von Erneuerbaren Energien auf die Ziele nachhaltiger Regionalentwicklung,
- Wirkung bzw. Einfluss von nachhaltiger Regionalentwicklung auf die Entwicklung Erneuerbarer Energien.

Während die Zusammenhänge in die erste Richtung relativ klar auf der Hand liegen, interessierte im Projekt 100% RENET vor allem der zweite Aspekt. Da dieses Buch sich vor allem an solche regionalen Akteure richtet, die Erneuerbare Energien bereits als Mittel zur nachhaltigen Regionalentwicklung erkannt haben, legen wir den Schwerpunkt unserer Erläuterungen darauf.

1. Nachhaltige Regionalentwicklung profitiert von Erneuerbaren Energien

Die Wirkung von Erneuerbaren Energien auf die Ziele der nachhaltigen Regionalentwicklung kann im Großen und Ganzen auf eine einfache Formel gebracht werden. Erneuerbare Energien sind schlicht und einfach ein Glücksfall für die nachhaltige Regionalentwicklung. Erneuerbare Energien – besonders die Bioenergien, aber auch die anderen Energieträger – wirken auf fast alle Ziele der nachhaltigen Regionalentwicklung positiv.

- Erneuerbare Energien ermöglichen es, Arbeitsplätze und Einkommen etwa aus den Erdölförderländern wieder „zurückzuholen" in die europäischen (ländlichen) Regionen. Sie eröffnen Landwirten und anderen regionalen Unternehmen die Möglichkeit, ihre Einkommensquellen zu diversifizieren und zu stabilisieren.

- Erneuerbare Energien haben positive Effekte auf das Klima, weil sie die Emissionen von CO2 und anderen Gasen reduzieren.
- Erneuerbare Energien ermöglichen es den Landwirten und Unternehmen, in ihrer Region Stoffkreisläufe und Wertschöpfungsketten zu verbinden.
- Alles in allem erhöhen Erneuerbare Energien die Chancen für ländliche Räume, den Zentren und Agglomerationen auf gleicher Augenhöhe zu begegnen.

Die positive Wirkung regenerativer Energien auf die Ziele der nachhaltigen Regionalentwicklung ist also offensichtlich.

2. Kann umgekehrt nachhaltige Regionalentwicklung Erneuerbare Energien unterstützen?

Was aber ist über das Verhältnis von Erneuerbarer Energie und nachhaltiger Regionalentwicklung im umgekehrten Sinne zu sagen? Gibt es etwas, das diejenigen, die im Bereich der nachhaltigen Regionalentwicklung in den letzten Jahren viele Erfahrungen gesammelt haben, dem Glücksfall Erneuerbare Energien sozusagen als Gegenleistung zurückgeben können? Können die Protagonisten einer nachhaltigen regionalen und lokalen Energieversorgung von den Erfahrungen der nachhaltigen Regionalentwicklung profitieren? In welcher Form könnten diese Erfahrungen übertragen werden?

Es gibt eine große Vielfalt regionaler Erneuerbare-Energie-Initiativen, Solarinitiativen und regionaler wie lokaler Energieagenturen, die an der Realisierung einer nachhaltigen Energieversorgung in ihren Regionen arbeiten. Ist diesen Menschen bekannt, dass Wissenschaft und Praxis im Bereich der nachhaltigen Regionalentwicklung Strategien, Methoden und Instrumente entwickelt, erprobt und angewendet haben, die zu einer nachhaltigeren regionalen Wirtschaft und Gesellschaft beitragen sollen? Arbeiten sie bereits mit ihnen? Schließlich stehen die Protagonisten der beiden „Welten" sehr ähnlichen Fragestellungen gegenüber: Wie gelingt, trotz vielfach widriger Rahmenbedingungen, der Einstieg in eine nachhaltigere Produktionsweise? Und: Wie überwinden wir die Barrieren beim Übergang von Nischen- zu Massenmärkten?
Dieses waren die Fragen, denen die Autoren im Rahmen des EU-Projekts 100% RENET nachgingen. Da sie hier nun ein Handbuch vorliegen haben, das

sich mit den Prozessen und Strukturen für Regionen beschäftigt, die auf dem Weg zu einer 100% Versorgung mit Erneuerbaren Energien sind, können Sie sich den Grundtenor unserer Antwort wohl schon denken:
Aus unseren Untersuchungen im Rahmen der genannten Projekte ziehen wir den Schluss, dass die **Verfahren, Strukturen und Instrumente der nachhaltigen Regionalentwicklung auch im Bereich Erneuerbare Energien bzw. nachhaltige Energieversorgung die Entwicklung entscheidend voran bringen** können. Damit ist freilich zunächst noch sehr wenig über die Modalitäten gesagt, wie die Instrumente der nachhaltigen Regionalentwicklung auch Erneuerbare Energien fördern können. Diese Modalitäten interessieren jedoch diejenigen, die praktisch in Regionen arbeiten, und darum geht es im Folgenden.

3. 100% RENET: Zwei Welten kommen zusammen

Dieses Handbuch geht auf Forschungsergebnisse zurück, die im Rahmen des von der Europäischen Kommission kofinanzierten Projekts „Network of Rural Areas aiming at Very High RE Rate" (100% RENET) gewonnen wurden. Darüber hinaus wurden Erfahrungen, die von B.A.U.M. Consult in parallel dazu durchgeführten Projekten gewonnen wurden, nutzbar gemacht. Dazu gehören das Projekt „Promoting the Target of 100% RES Supply in Rural Areas" (PROMOTE 100) und das Projekt „Solar Thermal Energy Promotion for a Wider Action in the Renewables Development" (STEP FORWARD). Beide wurden von der Europäischen Kommission im ALTENER Programm unterstützt.

Das 100% RENET Projekt beschäftigte sich in der Zeit zwischen 2002 und 2005 mit Regionen und Kommunen, die es sich zum Ziel gesetzt haben, in absehbarer Zeit eine sehr hohe, wenn nicht gar vollständige Versorgung durch Erneuerbare Energien zu erreichen. Es wurden dazu Forschungs-, Entwicklungs- und Umsetzungsarbeiten in insgesamt sieben Regionen aus Deutschland, Österreich, Frankreich und Spanien durchgeführt.

Partnerregionen 100% RENET

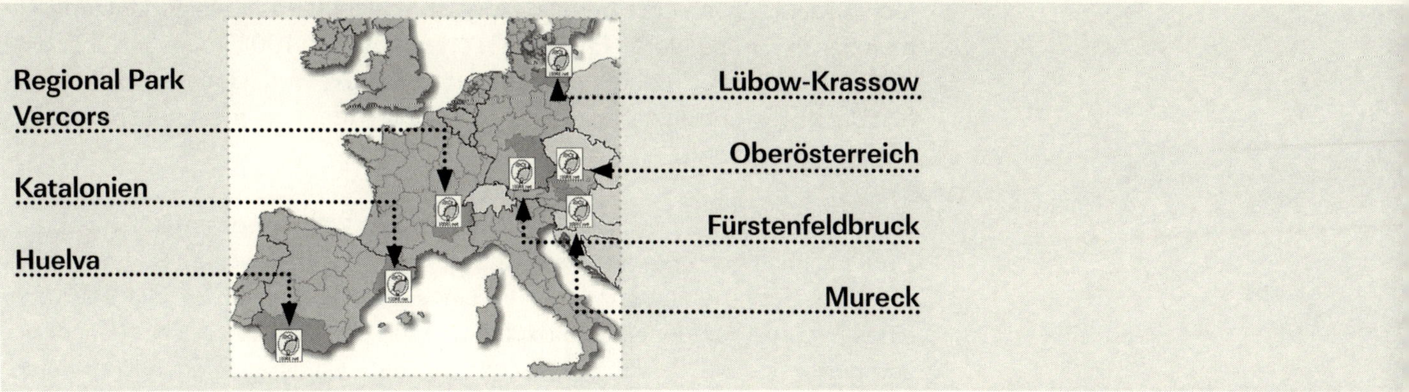

Eine zentrale Eigenschaft des Projekts war, dass es sich neben technischen Fragestellungen sehr intensiv mit den sozio-ökonomischen Aspekten, also den gesellschaftlichen und wirtschaftlichen Prozessen, Strukturen und Instrumenten beschäftigte, die in einer Region notwendig sind, um eine starke Bewegung in Richtung einer hohen Erneuerbare-Energie-Versorgung anzustoßen. Neben den sozio-ökonomischen Prozessen in den Partnerregionen wurden Erneuerbare-Energie-Prozesse in ca. 30 weiteren europäischen Kommunen und Regionen analysiert.

Das Projekt lebte vor allem auch von den unterschiedlichen fachlichen Hintergründen der beteiligten Personen. So gelang es, die bislang weitgehend unabhängig voneinander existierenden Diskussionsstränge „Integration Erneuerbarer Energien", **100% EE-Gemeinden** und **nachhaltige Regionalentwicklung** stärker miteinander in Beziehung zu setzen und zu einem Ansatz zusammenzufügen, der der Entwicklung einer nachhaltigen Energieversorgung in Regionen einen weiteren Schub geben kann.

Auf sehr kleiner räumlicher Ebene ist eine regenerative Vollversorgung mehrfach Realität. Wie oben bereits erwähnt, gibt es schon einige Dutzend Gemeinden in Europa, deren Energieversorgung zu fast 100%, zum Teil aber auch zu über 100% mit Erneuerbaren Energien gedeckt wird. Dabei handelt es sich fast durchweg um kleine, ländliche Gemeinden oder Inseln mit maximal einigen tausend Einwohnern.

Die Untersuchungen im 100% RENET Projekt zeigten, dass die Aufgabe, zu einer nachhaltigen Energieversorgung zu kommen, im größeren Rahmen – also etwa auf Ebene eines Landkreises, eines Distrikts, eines Bezirks oder auch eines Naturparks oder eines Biosphärenreservats, ungleich umfangreicher und komplexer ist. Schließlich geht es um viel mehr als ein paar neue Kraftwerke:

- Es geht um eine regionale Strategie, die sich nicht nur um die Umstellung der Energieversorgung, sondern auch um rationelle Energieverwendung kümmert. Denn eine regenerative Vollversorgung wird umso leichter, je sparsamer wir mit Energie umgehen.
- Es geht um Verhaltensumstellungen bei nahezu allen gesellschaftlichen Gruppen: Verbraucher, Unternehmer, öffentliche Körperschaften, Politiker, Landwirte, Energieversorger, Hausbesitzer usw.
- Es geht um den Einbezug einer Vielfalt an Energiequellen wie Sonne, verschiedenste Biomassen, Wind, Wasserkraft.
- Es geht um eine Vielfalt an Energieproduktionstechniken bzw. Energieprodukten wie Wärme, Strom und Treibstoffe bis hin zur energieeffizienten Gestaltung von Produkten und Dienstleistungen.

Dies alles zusammen genommen zeigt auf, dass eine Umstellung einer Region auf eine nachhaltige Energieversorgung nicht durch eine unzusammenhängende Sammlung von Einzelmaßnahmen zu erreichen ist.

Benötigt werden vielmehr ein Gesamtkonzept und eine Gesamtstrategie, die

- Erneuerbare Energieproduktion und effiziente Energienutzung gleichermaßen berücksichtigt;
- viele Akteure und ihre Interessen bündelt;

- die nachhaltige Energieversorgung der Region als Managementaufgabe begreift
- und neben der Investition in Erneuerbare-Energie-Anlagen auch so genannte weiche Maßnahmen der Öffentlichkeitsarbeit, der Beratung, der Förderung usw. umfasst.

Aufbauend auf diesen zentralen Ergebnissen des 100% RENET Projektes geben die nun folgenden Kapitel Handlungsanleitungen, Beispiele und Hinweise, wie eine solche Gesamtstrategie zu modellieren, mit entsprechenden Strukturen zu versehen und umzusetzen ist.

Der Prozess des Aufbaus regionaler Energieinitiativen

Kapitel II

Die Aufgabe des Umbaus der bestehenden regionalen Energieversorgung erfordert einen längerfristigen Prozess. Im Rahmen der nachhaltigen Regional- und Kommunalentwicklung sind in den letzten Jahren vielfältige Erfahrungen mit solchen Umbau- bzw. Strukturveränderungsprozessen gesammelt worden. Viele der dabei eingesetzten Verfahren, Abläufe und Instrumente sind auch in regionalen Erneuerbare-Energie-Prozessen anwendbar.

Der Prozess des Aufbaus einer nachhaltigen Energieversorgung lässt sich idealtypisch in **vier Phasen** unterteilen, die von den ersten Schritten der Prozessinitiierung bis zur Umsetzung konkreter Projekte reichen. Dabei kann leicht ein Zeitraum von mehr als einem Jahr nötig sein, bis die Früchte der Arbeit in Form von ersten Projekten und Erneuerbare-Energie-Anlagen Gestalt annehmen.

Der Zeitraum bis zum Beginn der Umsetzung wirkt erfahrungsgemäß auf viele Akteure als zu lang und damit abschreckend. Daher ist es wichtig, von Beginn an darauf zu **achten, dass schnell erste sichtbare Ergebnisse erreicht werden.** Vermeiden Sie den Eindruck, dass sich der Prozess nur um Zieldiskussionen und den Aufbau von Strukturen dreht. Es ist empfehlenswert, parallel zum Aufbau der notwendigen Organisationsstruktur von Beginn an Modellprojekte in Angriff zu nehmen, die beispielhaft verdeutlichen, was der Prozess leisten soll.

Das unten stehende Schaubild zeigt den Phasenverlauf. Der Aufbau der Organisationsstruktur erfolgt dabei parallel zur Entwicklung und Umsetzung des Konzepts. Dadurch ist es möglich, sowohl den Bedarf nach Strukturen (vgl. dazu genauer Kapitel III) zu decken und gleichzeitig dem Wunsch nach schnellen und sichtbaren Ergebnissen Rechnung zu tragen.

Vorbereitung
1. - 6. Monat

↓

Aufbau
6. - 14. Monat

↓

Umsetzung
ab 15. Monat

↓

Monitoring und Controlling

Der regionale Erneuerbare-Energie-Prozess

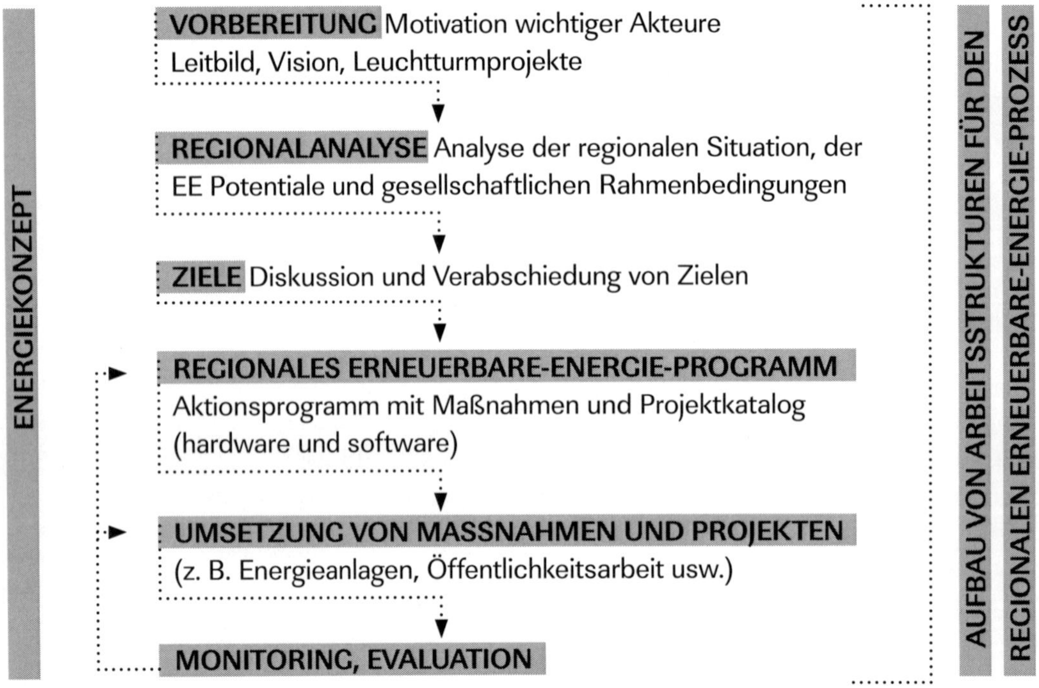

1. Phase I: Die Vorbereitung

Ausgangspunkt eines regionalen Erneuerbare-Energie-Prozesses ist in der Regel eine kleinere Gruppe von Aktiven, die das Thema nachhaltige Energieversorgung voranbringen wollen.

Die Akteure, die zunächst die Initiative ergreifen, können aus den verschiedensten gesellschaftlichen Hintergründen und Zusammenhängen kommen.

So konnten bei der Untersuchung von 30 europäischen regionalen Erneuerbare-Energie-Initiativen im Rahmen des Projektes 100% RENET (vgl. dazu Kapitel 1) Initiatoren aus den folgenden Bereichen identifiziert werden:

- kommunale und regionale Verwaltung bzw. einzelne engagierte Mitglieder der Verwaltung,
- einzelne Unternehmen,
- Gewerkschaften,
- Zusammenschlüsse engagierter Einzelpersonen,
- Kirchen,
- Wissenschaft,
- lokale (Umwelt-) Bildungseinrichtungen.

Diese zunächst eher kleine Gruppe von Aktiven hat in einer ersten Phase die folgenden Aufgaben zu bewältigen:

- Sie muss den **Kreis** der Engagierten und Mitstreiter kontinuierlich **erweitern**, professionalisieren und zu gegebener Zeit auch formalisieren (Gründung einer regionalen Erneuerbare-Energie-Organisation).
- Sie muss sich über das gemeinsame Oberziel, die gemeinsame **Vision** und die Kernpunkte der Strategie einig werden.
- Sie sollte möglichst bald **Zeichen der Machbarkeit** setzen, etwa durch ein erstes realisiertes Projekt, eine spektakuläre Aktion.
- Sie sollte ihren räumlichen **Aktionsradius** abstecken.

Die wesentlichen Schritte der einzelnen Phasen

Die Vorbereitung:

- Räumliche Abgrenzung
- Überzeugung von Schlüsselpersonen
- Vorbereitung eines Leitbildes
- Leuchtturmprojekte

Der Aufbau:

- Entwicklung des regionalen Energiekonzepts
- Analyse
- Definition der Ziele
- Festlegung von Projekten und Maßnahmen

Die Umsetzung:

- Umsetzung des Konzepts
- Sensibilisierung und Öffentlichkeitsarbeit

Monitoring und Controlling:

- Einigung auf Ziel- und Messgrößen
- Kontinuierliche Beobachtung und Bewertung

1.1. Motivation von Mitstreitern

Es sind die Menschen, die den Erfolg eines Prozesses ausmachen. Daher ist es von Beginn an essentiell, das Augenmerk auf den Einbezug eines breiten Spektrums von regionalen Akteuren zu legen.
Dabei geht es einerseits um die Erweiterung der Kerngruppe um weitere wichtige und einflussreiche Persönlichkeiten, Multiplikatoren und Promotoren. Zum anderen geht es auch darum, die Idee der nachhaltigen Energieversorgung in die Breite zu tragen und bereits mit dem Aufbau eines umfassenden Unterstützernetzwerks zu beginnen (vgl. Kapitel III).

Erweiterung der Kerngruppe

Achten Sie bei der Erweiterung der Kerngruppe auf folgende unterschiedliche Aufgaben und Rollen der Promotoren.

- **Fachpromotoren:** Ihre Aufgabe ist es, das notwendige Fachwissen in den Prozess einzubringen und dadurch Widerstände des „Nicht-Wissens" aus dem Weg zu räumen.
- **Machtpromotoren:** Aufgabe des Machtpromotors ist es im Wesentlichen, Hindernisse des „Nicht-Wollens" zu beseitigen bzw. auf Opposition zu reagieren, die dem Vorhaben entgegengebracht wird. Aufgrund seiner gesellschaftlichen Stellung sollte der Machtpromotor von potenziellen Akteuren und darüber hinaus als Instanz in der Region anerkannt sein.
- **Prozesspromotoren:** Bei umfangreichen Vorhaben wird zusätzlich ein Prozesspromotor benötigt. Seine wesentliche Aufgabe ist es, die Barriere des „Nicht-Dürfens" im Sinne von administrativen und organisatorischen Widerständen gegen die angestrebten Veränderungen zu überwinden. Wesentliche Vorraussetzung für diese Rolle ist eine ausgezeichnete Kommunikations- und Moderationsfähigkeit.

Wesentliche Schlüsselpersonen gilt es aus den Reihen der in Politik und Verwaltung Verantwortlichen zu finden. Regionale Prozesse sind in vielerlei Hinsicht auf einen guten Draht zu Politik und Verwaltung angewiesen. Ihre Erfolge hängen stark vom Verhältnis der Verantwortlichen zu den Zielen der Initiative ab. Planen Sie daher von Beginn an genügend Zeit für die Einbindung von sowie für Diskussionen und Überzeugungsarbeit mit politischen Gremien ein - und sorgen Sie für einen guten Draht zu diesen Schlüsselpersonen.

Initiierung eines Unterstützernetzwerkes

Es geht bereits sehr bald auch darum, den Prozess auf eine breite Basis zu stellen. Versuchen Sie sukzessive, Vertreter der Anbieterseite, Energieverbraucher und Investoren sowie Multiplikatoren und Unterstützer (vgl. Kap III, Akteure) für die Mitarbeit zu gewinnen.

Je systematischer und professioneller dabei bei der Kontaktaufnahme vorgegangen wird, desto größer wird der Erfolg sein. Hilfreich können dabei die folgenden Hinweise sein:

- **Erstellung einer aussagekräftigen Informationsbroschüre**
  Versorgen Sie bereits vor dem persönlichen Erstkontakt die gewünschten Ansprechpartner mit den wichtigsten Informationen über den geplanten Prozess.
- **Begleitschreiben einer anerkannten Unterstützerorganisation**
  (Verwaltung, Handwerkskammer, prominente Schirmherrschaft). Die Unterstützung durch anerkannte Persönlichkeiten (Landrat, Parlamentsabgeordnete, regionale Prominente) kann hilfreich sein. Falls bereits eine Partnerschaft besteht, sollte dieser zugkräftige Name verwendet werden.
- **Telefonische Terminvereinbarung für ein Informationsgespräch.**
- **Informationsgespräche und Interviews**
  Die Gespräche dienen zum einen dazu, neue Partner zu gewinnen, zum anderen aber auch einer ersten Bestandsaufnahme über die Vorstellungen potenzieller Partner an den Prozess. Entwickeln Sie vorab einen Frageleitfaden, um derartige Gespräche strukturiert und zielgerichtet durchführen zu können.
- **Anlegen einer Datenbank**
  Dokumentieren Sie für die spätere Verwendung sorgfältig Adressen und Ergebnisse der Gespräche und legen Sie baldmöglichst eine entsprechende Datenbank an.

Frageleitfaden Schlüsselpersonen

Dieses Werkzeug hilft Ihnen dabei anstehende Gespräche mit Schlüsselpersonen Ihrer Region ergebnisorientiert vorzubereiten.

→ *www.100re.net*
Instrumente und Aktivitäten
Analyse – Frageleitfaden Schlüsselpersonen

Der Umfang der Beteiligung in dieser frühen Phase ist Abwägungssache. Grundsätzlich gilt, daß ein breites Akteursspektrum die Handlungsmöglichkeiten erhöht. Eine breite Beteiligung kann neue Alternativen zu Tage bringen und damit neue Netzwerke und Kooperationen ermöglichen. Allerdings verursacht sie auch einen höheren Kommunikationsaufwand.

1.2. Erarbeitung eines Leitbildes

Bereits in einer sehr frühen Phase des regionalen Erneuerbare-Energie-Prozesses sollten sich die beteiligten Akteure auf eine gemeinsame Stoßrichtung, eine gemeinsame Vision verständigen, die dann im Rahmen eines regionalen Energiekonzeptes (s. Phase 2) weiter konkretisiert werden kann. Eine solche Vision dient noch nicht der Darstellung von Einzelzielen, Arbeitsschritten oder gar Projekten, sondern nennt das allgemeine Leitbild des gemeinsamen Handelns sowie ggf. erste strategische Eckpfeiler und dient der gemeinsamen, öffentlichen Willenserklärung.

100RE.net

Beispiel für ein Leitbild: Fürstenfeldbrucker Energieresolution:

Wir wollen die Energiewende im Landkreis Fürstenfeldbruck herbeiführen. Wir setzen uns das Ziel, den Landkreis bis zum Jahr 2030 vollständig mit Erneuerbaren Energien zu versorgen.

Wir wollen dies erreichen durch

- *schrittweise Reduzierung des Energieverbrauchs*
- *Einsatz der jeweils innovativsten Technologien und*
- *nachhaltige Nutzung aller heimischen Ressourcen.*

Wir bauen auf die Kreativität und die vielfältigen Kompetenzen der Menschen vor allem aus Landwirtschaft, Handwerk, Handel, Gewerbe, Industrie, Dienstleistung, Kommunen und Kirchen. Wir brauchen die Unterstützung aller verantwortungsbewussten Bürgerinnen und Bürger im Landkreis.

Damit erhalten wir unsere natürlichen Lebensgrundlagen und sichern die regionale Wirtschaftskraft mit dem Ziel einer Verbesserung der Lebensqualität.

Die Teilnehmerinnen und Teilnehmer des 1. BRUCKER LAND Energieforums, 8.4.2000

Leitbildworkshop

Damit die Vision als gemeinsames Ziel der Akteure anerkannt werden kann, ist es sinnvoll, diese gemeinsam mit Vertretern der wichtigen Akteursgruppen zu erarbeiten. Die Entwicklung der Energievision kann z.B. im Rahmen von einem oder mehreren moderierten Workshops erfolgen. Dieser Visionsprozess ermöglicht es den Teilnehmern, Verantwortung für die zukünftige Entwicklung der Energiesituation zu übernehmen. An dieser Stelle im Prozess wird die Frage: „Wo wollen wir hin?“ beantwortet und nicht: „Wie kommen wir dort hin?“ Die Ergebnisse werden unter Einbeziehung geeigneter Moderationstechniken erarbeitet. Sie werden dokumentiert und der Öffentlichkeit präsentiert.

Die im weiteren Prozessverlauf zu entwickelnden Ziele (s. Phase 2 Definition der Ziele) lassen sich dem Leitbild unterordnen.

1.3. Leuchtturmprojekte

Arbeiten Sie darauf hin, dass frühzeitig erste, möglichst öffentlichkeitswirksame Erneuerbare-Energie-Anlagen in der Region errichtet werden, um potenzielle Unterstützer und Netzwerkpartner von der Machbarkeit der Energiewende zu überzeugen sowie ein positives Image in der Öffentlichkeit herzustellen. Unterstützen Sie zu Beginn dabei Anlagen, die ein hohes Maß an Sichtbarkeit und damit verbundene positive Auswirkungen auf die Außenwirksamkeit der Gesamtidee erwarten lassen.

Auf Grund ihres positiven Images und des überschaubaren Aufwandes eignen sich z.B. Photovoltaik-Anlagen sehr gut für den Einsatz als symbolische Kraftwerke. Bei der richtigen Standortwahl ist eine andauernde öffentliche Aufmerksamkeit garantiert. Marktplätze, Fußballstadien oder andere stark frequentierte Plätze eignen sich hierfür besonders gut.
Gleichzeitig können solche symbolischen Anlagen auch in der Nachbarschaft von touristischen Attraktionen zu einer positiven Außenwahrnehmung der Region beitragen. Neben PV-Anlagen ist es z.B. auch denkbar, Windkraftanlagen künstlerisch zu gestalten und diese als Symbol für einen wichtigen Schritt auf dem Weg der Energiewende zu präsentieren.

Mit der Installation solcher symbolischer Anlagen besteht die Möglichkeit, durch begleitende Veranstaltungen (erster Spatenstich, feierliche Produktionsaufnahme) auf das Thema Erneuerbare Energie aufmerksam zu machen und dieses anschließend im „Blickfeld“ einzuprägen.
Daneben besteht auch die Chance, etwa die Machbarkeit des von der Erneuerbare-Energie-Initiaitve favorisierten Finanzierungsmodells zu demonstrieren.

Ablaufplan Leitbildworkshop

Dieser Ablaufplan zeigt einen idealtypischen Verlauf eines Workshops zur partizipativen Auswahl von Projekten für die Entwicklung des Prozesses.

→ *www.100re.net*
Instrumente und Aktivitäten
Konzeptentwicklung – Leitbildworkshop

→ Die Sichtbarkeit der Anlage und ein optimaler Energieertrag sorgen für Aufmerksamkeit.

→ Schnelle Erfolge sind gerade zu Beginn der Aktivitäten für die Motivation der Partner und für das positive Image in der Region von großer Bedeutung.

→ Neue Partner sind insbesondere dann leicht zu gewinnen, wenn diese in konkrete Projekte eingebunden werden können.

So könnte die symbolische Anlage gleichzeitig auch das erste durch die Initiative realisierte Bürgerbeteiligungskraftwerk darstellen. Neben Anlagen zur Energieproduktion eignet sich auch die Errichtung von Passivhäusern oder die energetische Sanierung von Gebäuden als Modellprojekt, um die Öffentlichkeit auf den Energie-Prozess in der Region aufmerksam zu machen.

Beispiel: Solar-Eis-Mobil

Solar-Eis-Mobil

Das Solar-Eis-Mobil wurde innerhalb des Umweltverbands GRÜNE LIGA entwickelt. Ziel war es, das Interesse an der praktischen Nutzung der Solarenergie zu erhöhen. In den heißen Tagen haben viele Leute Lust auf Eis und die Energie der Sonne steht mit voller Leistung zur Verfügung. Was liegt also näher, als einen mobilen Eis-Verkaufsstand zu betreiben, der mit Solarenergie arbeitet. Die Idee, Eis mit der Sonne zu kühlen, macht neugierig, und mit dem Solar-Eis-Mobil kommt man den Leuten im wahrsten Sinne des Wortes entgegen. So ist es sehr einfach, Kunden zu gewinnen und gleichzeitig über die umweltfreundliche Solar-Technik zu plaudern. Das Solar-Eis-Mobil weist gegenüber stationären Eisständen und mobilen Eiswagen auf KFZ-Basis erhebliche Vorteile auf. Es kann schlicht überall dort eingesetzt werden, wo die meisten Kunden erwartet werden. Also auch da, wo keine Steckdosen sind und Autos nicht fahren dürfen. Da es über die gesamte Saison netzunabhängig und wartungsfrei betrieben werden kann und auch keine laufenden Energiekosten anfallen, ist es überaus einfach zu handhaben.

1.4. Räumliche Abgrenzung

Im Laufe der Vorbereitungsphase sollten sich die Aktiven auch klar darüber werden, auf welchen Raum sie ihre Aktivitäten beziehen. Mit dieser Entscheidung sind weitreichende Auswirkungen auf den gesamten Prozess verbunden, allerdings besteht auch die Möglichkeit, in einer Region mit den Aktivitäten zu beginnen und dieses Modell im Erfolgsfall auf benachbarte Gebiete zu übertragen. Dieser Ansatz wird seit einigen Jahren in den Landkreisen rund um München verfolgt, wo - ausgehend von den Initiativen „BRUCKER LAND" und „ZIEL 21" im Landkreis Fürstenfeldbruck - inzwischen in neun Landkreisen

Aktivitäten im Bereich der Vermarktung regionaler Lebensmittel und der Förderung Erneuerbarer Energien durchgeführt werden.

In vielen Fällen werden die Grenzen von vornherein feststehen, und der Schritt der Abgrenzung wird sich somit erübrigen, zum Beispiel, wenn die Initiative von Seiten der öffentlichen Verwaltung, etwa eines Landkreises, ausgeht und die Initiatoren an einer Ausdehnung über die jeweiligen administrativen Grenzen hinaus nicht interessiert sind.

Häufig sind auch Vorgaben eines Förderprogramms bei der regionalen Abgrenzung zu beachten.

Dennoch sollten Sie diesen Schritt in jedem Fall bedenken und eine Entscheidung entsprechend der regionalen Bedingungen und Ansichten der bisher Beteiligten vornehmen. Berücksichtigen Sie bei diesen Überlegungen neben naturräumlichen Gegebenheiten, die sich auf die Potenziale der Erneuerbaren Energien auswirken, auch die Akzeptanz des Prozesses in der Bevölkerung und dessen Tragfähigkeit. So können beispielsweise Ressourcen, die für die Durchführung eines Prozesses benötigt werden, von einer größeren regionalen Partnerschaft - etwa in den Abgrenzungen eines Landkreises - leichter aufgebracht werden, als dies bei einer Kooperation auf dem Gebiet weniger kleiner Gemeinden der Fall ist.

Dagegen gilt für die Akzeptanz von Prozessen, dass mit zunehmender Regionsgröße die Identifikation der Bevölkerung und damit vieler wichtiger Akteure abnimmt. Die Identifikation mit den Zielen und der Arbeit innerhalb des Prozesses ist jedoch von wesentlicher Bedeutung für den Erfolg des Prozesses.

Im Ergebnis gilt es, einen gangbaren Kompromiss zwischen notwendiger räumlicher Nähe zu den Menschen vor Ort und der für die Schlagkräftigkeit gewünschten professionellen Ressourcenausstattung zu finden.

Die Erstellung eines regionalen Erneuerbare-Energie-Konzeptes kostet zwar zunächst Zeit und Geld, führt jedoch zum zielgerichteten Einsatz knapper Ressourcen und zur Vermeidung unnötiger paralleler Aktivitäten.

Ansprüche an die Ausgestaltung eines Regionalen-Energie-Konzepts (REK):

- **Berücksichtigung des zeitlichen Horizonts:** Aufgrund der Langfristigkeit des Vorhabens sollte das Konzept in kurz-, mittel- und langfristige Schritte unterteilt werden bzw. unmittelbare, nah- und fernvisionäre Ziele und Maßnahmen darstellen.
- **Bedarfsorientierung:** Eine Analyse der regionalen Energiesituation ist Teil des REK und stellt sicher, dass ein klarer Bezug des Konzepts zur Situation in der Region und den Potenzialen gegeben ist.
- **Zielorientierung:** Die vereinbarten Ziele finden Beachtung im Konzept.
- **Umsetzungsorientierung:** Wesentlicher Bestandteil des REK sind konkrete Maßnahmen und die Darstellung der für die Umsetzung benötigen Strukturen.

2. Phase II: Der Aufbau – das regionale Energiekonzept

Die Aufbauphase steht ganz im Zeichen der Erstellung eines regionalen Energiekonzeptes. Dabei geht es weniger um eine fachlich und technisch tiefgreifende Detailplanung durch einen oder mehrere Planer und Experten, sondern um die Erarbeitung und Abstimmung eines **Aktionsprogramms** unter Mitwirkung möglichst vieler, an der nachhaltigen Energieversorgung der Region interessierter Menschen und Institutionen.

Auf Basis einer Analyse der bestehenden Situation und der existierenden Potenziale – beides ist sowohl im Hinblick auf energetische Potenziale als auch im Hinblick auf eher „weiche Faktoren", wie existierendes Know-How, engagierte Akteure und Netzwerke etc. zu verstehen - gilt es, anstehende Ziele und Aktivitäten in eine regionale Gesamtstrategie einzuordnen.

Durch ein solches umsetzungsorientiertes – an den regionalen Verhältnissen ausgerichtetes – Konzept

- lassen sich Wege für das Erreichen von Erneuerbare-Energie-Zielen aufzeigen,
- werden die erfolgversprechenden Maßnahmen und Projekte identifiziert und nach Prioritäten geordnet,
- werden parallele Einzelaktivitäten vermieden.

Obwohl regionale Aktivitäten im Bereich der Förderung Erneuerbarer Energien inzwischen keine Seltenheit mehr sind, und immer mehr öffentliche Verwaltungen dazu übergehen, diese Aktivitäten zu unterstützen oder selbst steuernd tätig zu werden, sind systematische Ansätze für die Erschließung der regionalen Erneuerbaren-Energie-Potenziale derzeit noch wenig verbreitet.
In der Regionalentwicklung hat sich für die strategische Planung das Instrument der Integrierten Regionalen Entwicklungskonzepte (IREK) durchgesetzt und wird als notwendiges und erfolgreiches Instrument angesehen, wenn es darum geht,

- knappe Mittel effizient und zielgerichtet einzusetzen,
- eine größere Partnerschaft regionaler Akteure auf eine gemeinsame Entwicklungsrichtung für die Region einzuschwören.

Die diesen Integrierten Regionalen Entwicklungskonzepten zu Grunde liegende Systematik und die damit verbundenen Methoden zu deren Erarbeitung lassen sich hervorragend auf das Themenfeld Zukunft der Energieversorgung übertragen.

2.1. Wesentliche Inhalte

- Analyse
- Bewertung
- Ziele
- Strategien
- Handlungsfelder
- Maßnahmen
- Arbeitsstrukturen
- Monitoring

Das Energiekonzept beinhaltet die Strategien, mit denen das Ziel der Energiewende in der Region durch geeignete Projekte realisiert werden kann. Durch das Konzept sollen neue Wege aufgezeigt und Synergien erkennbar werden, die in der Umsetzung zu erschließen sind.

Die wesentlichen Bestandteile eines solchen Konzeptes sind:

- eine an den Bedürfnissen der regionalen Partnerschaft orientierte Situationsanalyse und deren Bewertung,
- die Darstellung der aus der Analyse abgeleiteten Energieziele für die Region sowie Aussagen zu einer Strategie, die geeignet ist, diese Ziele zu erreichen,
- eine je nach Anspruch des Konzeptes (s. Kasten „Formen von regionalen-Erneuerbare-Energiekonzepten") mehr oder minder tiefgehende Auflistung von Projekten und Maßnahmen, die geeignet sind, die Ziele zu erreichen,
- ggf. Aussagen über die Arbeitsstruktur, mit der das Konzept umgesetzt werden soll (s. Kapitel III),
- Aussagen über das Monitoring- und Controllingsystem, mit dessen Hilfe der Umsetzungserfolg in regelmäßigen Abständen geprüft wird.

Bei Bedarf (etwa bei einer Einbindung in bestimmte Förderprogramme) kann dieses Konzept im nächsten Schritt im Hinblick auf seine Umsetzung weiterentwickelt und ein Umsetzungsplan inklusive Finanzierungsplan erstellt werden. Da dies allerdings zusätzlichen Aufwand bedeutet, reicht es in der Regel aus, die nächste Konkretisierungsstufe erst zum Zeitpunkt der unmittelbaren Realisierung und auf Ebene der einzelnen Maßnahmen und Projekte durchzuführen.

Formen von regionalen Erneuerbare-Energie-Konzepten

Ein regionales Energiekonzept kann je nach Zielsetzung und zur Verfügung stehenden Mitteln sehr unterschiedliche Formen annehmen. Das österreichische Handbuch KREP 2000 unterscheidet daher mehrere Versionen von Konzepten, die sich abhängig vom Stellenwert, den das Thema Energie in der Region einnimmt, unterscheiden:

Minimalversion - Basis:

- Zielsetzungen: allgemeine energetische Bestandsaufnahme der Region.
- Bearbeitung: unter hauptsächlicher Verwendung von verfügbaren statistischen Daten mit Berücksichtigung lokaler Besonderheiten.
- Ergebnisse: Energie- und Emissionsbilanzen, Aktionsprogramm.

Normalversion - Standard:

- Zielsetzungen: allgemeine energetische Bestandsaufnahme der Region und quantitative Ziele für die Verbrauchergruppen.
- Bearbeitung: unter hauptsächlicher Verwendung von allgemeinen statistischen Daten und Detail-Daten (z.B. für leitungsgebundene Energieträger), Entwicklung von Referenzszenarien.
- Ergebnisse: Energie- und Emissionsbilanzen, Instrumentenkatalog und Aktionsprogramm, Kostenschätzung der Umsetzung.

Umfassende Version – Top:

- Zielsetzungen: allgemeine energetische Bestandsaufnahme und Entwicklung von Detailzielen für einzelne Instrumente.
- Bearbeitung: unter Verwendung von statistischen Daten und Daten aus Datenerhebung vor Ort (z.B. Großabnehmer), Entwicklung von Referenzszenarien.
- Ergebnisse: Energie- und Emissionsbilanzen, Instrumentenkatalog und Aktionsprogramm, Detailbeschreibungen und Ressourcenbedarf.

Darüber hinaus besteht die Möglichkeit, weitergehende Zielsetzungen in die Konzepte einfließen zu lassen und so je nach vordringlicher Zielsetzung ein **Klimaschutz-, Wirtschaftsbelebungs-** oder **Nachhaltigkeitskonzept** zu entwickeln.

Wie so oft gibt es auch für die Erarbeitung regionaler Energiekonzepte keine allgemeingültige Ideallösung. Die Berücksichtigung regionaler Besonderheiten bei der Erstellung des regionalen Erneuerbare-Energie-Konzeptes ist dabei wichtiger, als die Verfolgung einer streng vorgegebenen Struktur.

Das Beispiel des regionalen Energiekonzepts für den südlichen Oberrhein

Das Regionaler Entwicklungskonzept zur Reduktion der CO2 Emissionen zeigt, dass die Entwicklung eines solchen Konzeptes eine umfassende Aufgabe darstellt:

Für die Erstellung des Konzeptes, mit dem die Energieagentur Region Freiburg und die Ortenauer Energieagentur beauftragt wurden, sind zwei Jahre angesetzt. Während der Bearbeitungsdauer sollen in der Region vorhandene Möglichkeiten zur Nutzung erneuerbarer Energiequellen und bestehende Einsparpotenziale bei Strom und Wärme systematisch erfasst sowie konkrete Maßnahmen zu deren Erschließung aufgezeigt werden.

Zunächst wurde eine Erhebung bei allen Kommunen im Verbandsgebiet zu bestimmten Grunddaten, kommunalen Liegenschaften und regenerativen Energieanlagen durchgeführt. Sie bildet eine wesentliche Grundlage zur Abschätzung der vorhandenen Energie- und Einsparpotenziale in der Region.

Info unter: www.ortenauer-energieagentur.de und www.energieagentur-regio-freiburg.de

barum 111

100RE.net

Für die Region der beiden Landkreise Barnim und Uckermark nördlich von Berlin wurde ein Konzept erstellt, dass eine 111 %ige Deckung des regionalen Energiebedarfs anstrebt. Dieses Konzept wurde von B.A.U.M. Consult verfasst und basiert auf einem partizipativen Prozess, in den die Akteure vor Ort ihre Vorstellungen und Projektideen eingebracht haben. Das Konzept beinhaltet sowohl Vorschläge für eine Umsetzungsstruktur als auch detaillierte Maßnahmen und Projektvorschläge, die im Rahmen mehrer Workshops nach Prioritäten gewichtet wurden.

Info unter: www.barum111.de

2.2. Analyse

Ein regionales Konzept, das die richtigen Antworten geben soll, muss zunächst die richtigen Fragen stellen:

- Welches sind die Ressourcen, die künftig unseren Energiebedarf effizient und kostengünstig decken können? Sollen wir eher auf die Solarenergie oder auf Biomasse setzen? Können wir selbst alternative Kraftstoffe produzieren oder ist es sinnvoller, sie zu importieren?
- Wie viel Energie – welcher Art – verbrauchen wir überhaupt – und für was?
- Gibt es Bereiche, in denen sich die Region bereits hervorgetan hat?
- Wer in der Region hat schon Know-How bezüglich dieser neuen Technologien? Gibt es diesbezüglich bereits Schwerpunkte?
- Wer in der Region ist eher ein Verbündeter im Hinblick auf eine nachhaltige Energieversorgung? Wer wird eine solche Entwicklung eher blockieren?

Je besser die Initiatoren ihre Region kennen, je genauer die Informationen und Daten sind, auf denen sie aufbauen, desto klarer können die richtigen Schwerpunkte gesetzt werden.

Dennoch zeigt die Praxis der Erstellung regionaler Entwicklungskonzepte, dass die Analysephase immer von Kompromissen zwischen dem Wünschbaren und dem Machbaren geprägt ist, weil das Analysieren spätestens dann zu einem aufwändigen „Vergnügen" wird, wenn Informationen und Daten nicht bereits (in anderen Zusammenhängen) erhoben wurden.

Quick-Check-Tool-Kit
Instrument zur Schnellanalyse

Für Kommunen gibt es mit dem österreichischen „Quick-Check-Tool-Kit" ein geeignetes Werkzeug zur Erfassung der örtlichen Situation und der Anwendungspotenziale im Bereich der Energieeinsparung und der Energieerzeugung aus Erneuerbaren Energien. Damit können mit relativ geringem Aufwand die Potenziale einer Kommune mit besonderer Berücksichtigung der öffentlichen Gebäude erfasst werden. Das Toolkit richtet sich an Kommunalverwaltungen und kann auch ohne tiefergehenden technischen Sachverstand angewendet werden. Die Anwendung dieser Analyse in allen Kommunen der Region kann eine gute Grundlage für die Entwicklung von Zielen und Maßnahmen darstellen.

→ *www.aee-intec.at*

Der Detailschärfe sind dabei theoretisch kaum Grenzen gesetzt. So kann man beispielsweise die Potenziale für die Nutzung von Solarenergie „dachflächengenau" ermitteln, in dem man Vor-Ort-Befragungen durchführt oder Luftbilder auswertet. Man kann sie aber auch anhand von Erfahrungswerten und Durchschnittszahlen abschätzen.
Letztlich wird es sich über das jeweilige regionale Zeit- und Finanzbudget entscheiden, wie tief man in die Analyse geht.

Im Minimum sollte die Analyse jedoch die folgenden Punkte aufgreifen:

- Ausgangsposition: Aussagen zu derzeitiger Energieversorgung und aktuellem Verbrauch in der Region.
- Realistische Zielsetzungen auf Basis der existierenden Potenziale.
- Aussagen zur Einbettung ins gesellschaftliche und wirtschaftliche Umfeld.

Die Erfahrung lehrt darüber hinaus auch, dass eine ausführliche Analyse in der Praxis nur wenige Fürsprecher hat. Gerade regionale Entwicklungsprozesse werden vielfach von „Machern" getragen, die eine ausführliche Analyse für unnötig halten und am liebsten gleich in die Umsetzung einsteigen wollen. Dieses ist im Sinne des Vorzeigens erster Ergebnisse durchaus sinnvoll und sollte unbedingt gefördert werden (vgl. Abschnitt 1.3). Sobald es allerdings um ein umfassendes Konzept für die Region etwa mit dem Ziel einer hundertprozentigen Erneuerbare-Energie-Versorgung geht, sollte ebenso deutlich gemacht werden, dass es ohne ein Mindestmaß an Kenntnis über die regionale

Situation nicht mehr geht, weil sonst die Gefahr besteht, dass Schwerpunkte falsch gesetzt und die zur Verfügung stehenden Mittel und Kräfte ineffizient eingesetzt werden.

2.2.1. Bestandteile der Analyse

In der Praxis werden die Schwerpunkte bei der Analyse im Rahmen regionaler Erneuerbarer-Energie-Konzepte durchaus sehr unterschiedlich gesetzt. Grundsätzlich kann man sich dem Thema aus den im Folgenden genannten Perspektiven nähern.

Situationsanalyse – Wo steht die Energieversorgung?

Die meisten Studien und Konzepte für eine nachhaltige Energieversorgung von Kommune und Region erfassen zunächst die Ist-Situation der Energieversorgung. Damit werden die folgenden Ziele verfolgt:

- Gewinnung eines Überblicks über die im Untersuchungsraum umgesetzten **Energiemengen** nach Energieträgern und der damit verbundenen finanziellen Umsätze. Damit werden erste Abschätzungen über den Umfang der Maßnahmen, die für eine Umstellung auf eine nachhaltige Energieversorgung der Region nötig sind, möglich.
- Identifikation der **Verbrauchsschwerpunkte** und damit der maßgeblichen Maßnahmenzielgruppen sowie der potenziellen Hauptakteure für die Maßnahmenumsetzung.
- Definition eines **Basisniveaus für den Energieumsatz** nach Energieträgern, nach Verbrauchssektoren und nach Energieanwendung als Grundlage für eine Feststellung des bereits bisher Erreichten sowie zur regelmäßigen Erfolgskontrolle.

Dazu ist es prinzipiell möglich,

- die Verbrauchssituation zu erfassen und dabei etwa nach verschiedenen Energienutzern (z.B. Haushalte, Unternehmen, Landwirtschaft, öffentliche

Frageraster kommunale Verbrauchssituation

Dieses Frageraster hilft bei der Erhebung des Energieverbrauchs in einer Kommune.

→ *www.100re.net*
Instrumente und Aktivitäten
Analyse – Kommunale Verbrauchssituation

Frageraster kommunale Versorgungssituation

Zur Erhebung der Versorgungssituation in der Kommune hilft dieses Frageraster

*www.100re.net
Instrumente und Aktivitäten
Analyse – Kommunale Versorgungssituation*

Hand) und/ oder eingesetzten Energieträgern (Erdöl, Erdgas, Kohle, Wind, Solarenergie etc.) sowie Arten der Nutzenergie (z.B. Wärme, Elektrizität, Treibstoffe) zu untergliedern,

- die Produktionssituation zu erfassen (Welche Energieerzeugungsanlagen gibt es vor Ort? Welche davon sind mit Erneuerbaren-Energie-Trägern betrieben? Wo stehen demnächst Veränderungen, Renovierungen an?),
- die mit der aktuellen Versorgungssituation verbundenen Emissionen zu erfassen,
- Angebote der Energieberatung und anderer energiebezogener Dienstleistungen zu erfassen.

Welche dieser Punkte in einem regionalen Energiekonzept aufgegriffen und wie ausführlich sie behandelt werden, ist vom Zuschnitt und Focus des Energiekonzeptes abhängig. Eingrenzungen sind z.B. in folgender Weise möglich:

- Beschränkung auf einzelne Verbrauchergruppen (gerne wird beispielsweise zunächst mit der öffentlichen Hand begonnen),
- Beschränkung auf einzelne Energienutzungsarten (nur Elektrizität, Wärme etc.),
- Beschränkung auf einen Teilraum – oft in der Annahme, dass man von dort aus auf den Gesamtraum hochrechnen kann.

Die Ist-Stand Erfassung kann unabhängig davon, welche Schwerpunkte gesetzt werden, zur regionalen Energiestatistik ausgebaut werden, wenn entsprechende standardisierte Erhebungsinstrumente eingeführt werden, welche dann Jahr für Jahr oder in einem anderen Rhythmus angewendet werden. Dadurch ist es möglich, ein Controlling der Umstellung der Region auf Erneuerbare Energien zu implementieren und den Fortschritt zu beobachten.

Ist Analysetool

Verschiedene Frageleitfäden zur Erhebung der Ist-Situation finden Sie hier:

*www.100re.net
Instrumente und Aktivitäten
Analyse - Erfassung der Ist-Situation*

Potenzialerfassung – was ist in der Region möglich?

Auch das Potenzial für die Umsetzung einer nachhaltigen Energieversorgung kann von verschiedenen Seiten betrachtet werden. Neben den Ressourcenpotenzialen (Verfügbarkeit von Ressourcen, Sonneneinstrahlung, Windaufkommen etc.) können die Anwendungspotenziale für Erneuerbare Energien oder Energiesparmaßnahmen herausgearbeitet werden.

Die Potenziale an regional verfügbaren, erneuerbaren Ressourcen bilden die Grundlage für die angestrebte Energiewende. Ihre Ermittlung ist Grundlage zur gezielten Nutzung der regionalen Ressourcen zur Energiegewinnung - und für eine entsprechende Ausrichtung der Beratungs- und Bildungsangebote sowie der Öffentlichkeitsarbeit.

Ressourcen-Potenzialabschätzungen sind daher ein wichtiger Bestandteil von regionalen Energiekonzepten. In der Regel müssen Potenzialanalysen viel stärker als die Situationsanalyse auf Schätzungen und Annahmen zurückgreifen, weil exakte Berechnungen mit hohem Aufwand verbunden sind und außerdem auf Annahmen über das Verhalten der Menschen beruhen, die die Potenziale nutzen sollen.

So ist etwa mit Zahlen über den Waldreichtum und das Hackschnitzelaufkommen in einer Region noch kein Schluss darüber möglich, ob sich Investoren für die Verwertung dieser Ressource finden lassen. Hier kommt der unten dargestellte, eher auf gesellschaftlich-wirtschaftliche Aspekte zielende, Bestandteil der Analyse ins Spiel. Die Unterscheidung in ein theoretisches, technisch machbares und wirtschaftliches Potenzial ist hier hilfreich.

Zum Potenzialbegriff:

- Theoretisches Potenzial: Das nach physikalischen Gesetzen oder innerhalb eines bestimmten Gebiets erschließbare Energieangebot.
- Technisches Potenzial: Teil des theoretischen Potenzials, der mit dem aktuellem Stand der Technik erschließbar ist. Gesetzliche Regelungen, Umweltauflagen etc. werden hierbei berücksichtigt.
- Wirtschaftliches Potenzial: Teil des technischen Potenzials, der unter den aktuellen wirtschaftlichen und gesellschaftlichen Rahmenbedingungen gegenüber anderen Energieträgern konkurrenzfähig ist. Hierbei kann zwischen einer volks- und betriebswirtschaftlichen Sichtweise unterschieden werden.

(Quelle: www.fh-bochum.de/fb3)

Beispiel:

Zusammenfassung der rund 100 Seiten starken Potenzialstudie für die solarcomplex Region Hegau/ Bodensee

Quelle: Potenzialübersicht der erneuerbaren Energien in der Region Hegau/ Bodensee solarcomplex 2002

Energiebedarf im Landkreis Konstanz		**Potentiale Erneuerbarer Energien im Landkreis Konstanz**	
Strom	~1500 GWh	Strom	
		aus PV (nur Dachflächen)	135 GWh
		aus Wasser	35 GWh
		aus Wind	140 GWh
		aus Biomasse-BHKWs	33 GWh
		aus Geothermie	200 GWh
		Gesamt	543 GWh
Wärme	~3700 GWh	Wärme	
		aus Solarthermie (nur Dachflächen)	500 GWh
		aus Holz	185 GWh
		aus Biomasse-BHKWs	50 GWh
		aus Energiepflanzen	65 GWh
		aus Geothermie (insgesamt)	830 GWh
		Gesamt	1630 GWh

Kürzestmögliches Fazit:

Aus der Gegenüberstellung ist unmittelbar ersichtlich, daß sich aus dem (langfristigen) Ziel, den gesamten Energiebedarf aus regionalen erneuerbaren Quellen zu decken, zwingend zwei Notwendigkeiten ergeben:

- Es geht nicht ohne die Verminderung des Energiebedarfs um einen Faktor 2 bis 3, d.h. eine wesentlich verbesserte Energieeffizienz.
- Neben den oberirdischen Potentialen müssen die bisher wenig beachteten geothermischen Potentiale mobilisiert werden.

Das Anwendungspotenzial für Erneuerbare Energien erschließt sich aus einem Abgleich der zur Verfügung stehenden Technologien (z.B. solare Warmwassererzeugung) mit den regionalen Optionen für ihre Anwendung (z.B. existierende Gebäude mit einer Südausrichtung, mit geeigneter Dachneigung und demnächst anstehendem Sanierungsbedarf der Heizanlage). Eine solche Bestandsaufnahme ist allerdings aufwändig und wird im Zweifel auch nur für einen bestimmten

Teilausschnitt des Gebäudebestands (z.B. Gebäude ab einer bestimmten Größe oder öffentliche Gebäude) durchgeführt werden können.

Umfeld- und Akteursanalyse

Neben den eher technisch orientierten Daten und Informationen ist für die Einschätzung der regionalen Situation und der Veränderungspotenziale Wissen über die gesellschaftliche und wirtschaftliche Situation notwendig. Der Focus liegt dabei auf Strukturen und Prozessen, die die nachhaltige Energieversorgung beeinflussen können, wie z.B.:

- die politische Lage,
- die wirtschaftliche und soziale Situation,
- aktuell in der Öffentlichkeit diskutierte Themen, die mit der Energieversorgung mittelbar oder unmittelbar in Beziehung stehen,
- Akteure und Akteursgruppen, die sich bereits jetzt für eine nachhaltige Energieversorgung engagieren,
- Einschätzungen, Interessen und Meinungen von Schlüsselpersonen zum Thema Energie/ Erneuerbare Energien,
- überregionale Trends und Entwicklungen, die Auswirkungen auf die Region haben.

In vielen Fällen wird es hier um das Zusammentragen und Zuspitzen bereits bekannter Informationen gehen.

Einzelne der dabei anstehenden Fragen werden sicherlich aus bereits bestehenden Studien und Erhebungen geklärt werden können. Zudem ist davon auszugehen, dass Initiatoren regionaler Erneuerbarer-Energie-Prozesse viele dieser Punkte auch ohne größere Analysen einschätzen können.
Als erster Schritt könnte beispielsweise ein gemeinsames moderiertes und dokumentiertes Brainstorming der Initiatoren im Hinblick auf förderliche bzw. hemmende Rahmenbedingungen hilfreich sein. Gerade im Zusammenhang mit der ohnehin anstehenden Ausweitung des Unterstützernetzwerkes (vgl. Abschnitt 1) ist aber auch eine überschaubare Anzahl an Gesprächen bzw. Interviews mit regionalen Schlüsselpersonen für den Bereich Energieversorgung erwägenswert.

Quick-Check-Tool-Kit Bestandserhebungen

Für derartige Detailerhebungen bietet das oben bereits genannte Quick-CheckTool-Kit hilfreiche Checklisten für die Betrachtung im Hinblick auf die unterschiedlichen Energieträger.

→ *www.aee-intec.at.*

Kommunale Klimaschutzaktivitäten

Das internetbasierte Tool climatemenu ermöglicht es den Kommunen, einen schnellen Überblick über den Stand energierelevanter Klimaschutzaktivitäten in der eigenen Kommune im Vergleich zu anderen zu gewinnen. Mit Hilfe dieses Tools lassen sich Anregungen für die Weiterentwicklung der Strategie einholen oder schlicht ein Vergleich der eigenen Leistungen mit denen anderer Kommunen durchführen.

→ *www.climatemenu.com*

Übersicht: Analysen zur Entwicklung eines regionalen Energiekonzeptes

	Was will ich erfassen?	Wofür brauche ich die Ergebnisse?	Wie kann ich es erfassen?
Technische Fragen	**Aktuelle Situation** des Energieverbrauchs und der -produktion – Bestand an RE	Erfassung der Ausgangslage als Grundlage des Konzeptes. Grundlage für ein regelmäßiges Controlling der Umstellung auf Erneuerbare Energien.	Erstellen einer Energiestatistik getrennt nach Energieerzeugung und -verbrauch, unterteilt für die verschiedenen Energieträger. Unterschiedliche Detailschärfe möglich.
	Potenziale: (Bioenergie, Wind, Wasser, Sonne, Einsparung)	Festlegung und Priorisierung von Zielen und Maßnahmen.	Berechnung bzw. Abschätzung der Potenziale für die Nutzung Erneuerbarer Energien auf Basis regionaler Daten getrennt nach den einzelnen Energieträgern und Einsparpotenzialen. Unterschiedliche Detailschärfe möglich.
Fragen des Prozesses, der Struktur, des wirtschaftlichen und gesellschaftlichen Umfeldes	**Umfeld, Trends, Entwicklungen** innerhalb und außerhalb der Region, die für die nachhaltige Energieversorgung bedeutsam sind	Einschätzung der Rahmenbedingung für die Umstellung der Energieversorgung. Festlegung und Priorisierung von Zielen und Maßnahmen.	Auswertung von Daten z.B. zur regionalen Wirtschaftsentwicklung, Befragung regionaler Akteure.
	(Potenzielle) Akteure	Einschätzung der Positionen von Schlüsselakteuren. Identifikation möglicher Kooperationspartner.	Befragung regionaler Akteure.

2.2.2. Vorgehen bei der Analyse

Hat sich die regionale Erneuerbare-Energie-Initiative für die Durchführung einer Analyse entschieden, sollten die folgenden Arbeitsschritte beachtet werden.

Genaue Definition des Analyseziels

Erster Schritt jeder Analyse ist die Festlegung des Ziels der Analyse. Was genau wollen wir über die regionale Situation wissen? Geht es um einen umfassenden Überblick oder fehlen lediglich Informationen über spezielle Felder? Interessiert eher die aktuelle Situation oder das Potenzial der Region im Hinblick auf Erneuerbare Energien?

Klärung des Daten- und Informationsbedarfs

Klären Sie zunächst anhand einer Durchsicht vorhandener Studien und Veröffentlichungen, welche der benötigten Daten und Informationen ggf. bereits vorliegen. **Vielfach sind für die Analyse benötige Daten bereits von anderer Stelle erfasst.** In Deutschland gibt es auf Ebene der Bundesländer häufig Analysen, die zumindest einzelne Energieträger berücksichtigen (vgl. z.B. den Geothermieatlas Bayern oder das Biomasseportal Rheinland-Pfalz). Diese Daten können als Grundlage für die regionalen Berechnungen verwendet werden.

www.stmwivt.bayern.de
www.biomasse-rlp.de

Auf Ebene der Regionen sind die statistischen Stellen der Kreise sowie die statistischen Landesämter als erste Anlaufstelle zu nennen. Die EVU verfügen auf Grund ihrer Anschlussverpflichtung über genaue Daten bezüglich der Anlagen der Stromerzeugung.

Auswahl von Erhebungsmethoden und Festlegung der Zuständigkeiten

Abhängig vom jeweiligen Analyseziel und dem daraus resultierenden Daten- und Informationsbedarf sind die Erhebungswege und –methoden zu klären. Eine breit aufgestellte Energieinitiative wird sich im Zweifel leichter tun, die Arbeiten auf viele Schultern zu verteilen. Dennoch wird es eine Person geben müssen, die alle Informationen zusammenträgt und sinnvoll aufbereitet.

Neben der Auswertung vorhandener Daten wird die Selbsterfassung kleinteiliger Daten vielfach unverzichtbar sein. Hierbei kann sich zur Kostenersparnis die Vergabe der Datenerhebung an Studierendenprojekte oder in Form von Diplomarbeiten anbieten.

Bewertung der Analyse-Ergebnisse

Der Zweck einer jeden Analyse ist es, Schlüsse für das eigene Handeln zu ziehen. Die Schlüsse ergeben sich dabei nicht von selbst aus den Ergebnissen der Datenaufnahme. Vielmehr müssen diese Ergebnisse bewertet werden.

- Ist eine mittlere jährliche Sonneneinstrahlung von xy gut oder schlecht? Ist das eine Stärke unserer Region oder doch eher eine Schwäche?
- Ist eine hohe Anzahl von Installationsbetrieben in der Region, die bisher keine PV anbieten, ein Potenzial oder eine Schwäche? Sollen wir bei der Überzeugung dieser Unternehmer ansetzen oder ist das das schwierigste Ende, das wir uns für den Schluss aufheben, weil es Vielversprechenderes gibt?

Dieses sind die Art von Fragen, die sich stellen, wenn die Analyseergebnisse auf dem Tisch liegen. Bei manchen dieser Fragen gibt es Erfahrungswerte oder auch objektiv feststellbare Entscheidungskriterien (das rechnet sich, das rechnet sich nicht). Andere sind schlicht eine Frage der subjektiven Einschätzung.

Als hilfreich zur Zuordnung von Daten und Informationen im Rahmen einer Bewertung von Analyse-Ergebnissen hat sich die so genannte SWOT-Methode bewährt.

Die SWOT-Analyse (**S**trengths, **W**eaknesses, **O**pportunities, **T**hreats), im deutschen in der Regel verkürzt als Stärken/Schwächen-Analyse bezeichnet, gehört zu den gebräuchlichen Instrumenten im Rahmen eines Regionalentwicklungsprozesses. Durch die Zuordnung gewonnener Daten und Informationen über die regionale Situation zu den Kategorien „Stärken und Schwächen" bzw. „Chancen und Risiken" eignet sich diese Methode gut, um aus einer Regionalanalyse Schlüsse zu ziehen. Als Ergebnis ergibt sich ein Überblick, welche Stärken ausgebaut, welche Schwächen abgebaut, welche Chancen genutzt und welche Risiken beachtet werden sollten.

Auch diese Methode ist selbstverständlich nicht objektiv. Sie hilft im Grunde nur, den Denkprozess zu strukturieren. In Regionalentwicklungsprozessen werden SWOT-Analysen oft an Experten vergeben, die im Rahmen einer Studie ihre Einschätzung der Lage ermitteln. Sehr wirkungsvoll, gerade im Hinblick auf die Herausbildung einer von vielen regionalen Akteuren geteilten Einschätzung der Lage und somit auch auf die Entwicklung einer gemeinsamen Strategie und gemeinsamer Ziele, kann allerdings auch ein mit geeigneten Moderationsmethoden **straff durchgeführter Bewertungsworkshop**, z.B. im Kreis der regionalen Schlüsselakteure, zu diesem Thema sein.

2.3. Definition von Zielen

Aufbauend auf der Analyse und deren Bewertung sowie auf dem Leitbild aus der Vorbereitungsphase lassen sich die Ziele der regionalen Erneuerbare-Energie-Initiative definieren. Auch dieses wird sinnvollerweise unter Mitsprache aller wesentlicher an der Initiative beteiligter Akteure bzw. Akteursgruppen geschehen, damit sich diejenigen, die später die Ziele erfüllen sollen, auch mit ihnen identifizieren können.

Beachten Sie bei der Formulierung von Zielen einige grundlegende Regeln, die in der Praxis nicht selten außer Acht gelassen werden:

Achten Sie bei Vorschlägen für Zielformulierungen darauf, die Ziele allgemeinverständlich und griffig zu benennen, damit die Ziele die Möglichkeit zur Identifikation bieten. Auf eine kurze Formel gebracht, sollen die vereinbarten Ziele SMART sein, dies bedeutet:

Specific, **M**easureable, **A**chievable (oder Attainable), **R**elevant, **T**ime phased (oder Timely). „Specific" bedeutet, dass die Zieldefinition unmissverständlich und eindeutig sein muss. „Measurable" hängt damit eng zusammen: es fordert objektive Kriterien, mit denen unzweifelhaft festgestellt werden kann, ob ein Ziel erreicht ist. „Achievable" macht deutlich, dass ein Ziel zwar schwierig, aber niemals unmöglich zu erreichen sein darf, da sich ansonsten niemand verpflichtet fühlt. „Relevant" fügt dem hinzu, dass das Ziel nicht zu einfach sein darf. Es muss von Bedeutung sein, denn sonst nimmt es niemand als Ziel ernst. „Time phased" bzw. „Timely" drückt aus, dass ein erstrebenswerter Zustand erst durch eine klare Zeitvereinbarung, die mindestens aus einem Termin besteht, zu einem Ziel wird. Die Zeitvorgabe ist gleichzeitig ein Beitrag zur

*Mit der von der Deutschen Umwelthilfe und dem Magazin Solarthemen ins Leben gerufenen Projekt **Solarbundesliga** hat sich in Deutschland eine Plattform etabliert, die sich hervorragend für die Einbindung in die Zieldefinition einer regionalen Initiative eignet: Das Prinzip der Solarbundesliga ist es, die installierte PV und Solarthermie-Leistungen in Relation zur Bevölkerungszahl in Kommunen zu erfassen und dafür Punkte und Preise zu verleihen.*

Das Punktesystem für die Wertung in der Solar-Bundesliga:

Photovoltaik:
3 Watt pro Einwohner = 1 Punkt
Solarthermie:
1 Quadratdezimeter pro Einwohner = 1 Punkt

Die Addition der Punkte aus beiden Bereichen ergibt die Gesamtpunktzahl.

Durch das transparente und übersichtliche Punktesystem ist es problemlos möglich, für einzelne Gemeinden der Region oder die Summe der Kommunen „smarte" Ziele zu definieren, die sich in die Systematik der Solarbundesliga einfügen: wie z.B. „5 Gemeinden der Region sollen bis zum Jahre 2007 50 Punkte in der Solarbundesliga schaffen".

www.solarbundesliga.de

„Messbarkeit" des Ergebnisses: Das Ziel wird entweder zur gesetzten Zeit erreicht oder es ist eben nicht erreicht.

Im Bereich der Zieldefinition für die künftige Energieversorgung bedeutet dies, dass neben der Festlegung eines Gesamtziels, also etwa der hundertprozentigen Versorgung mit Erneuerbaren Energien bis zum Jahr 2030, auf Grund der Komplexität dieses Vorhabens weitere Teilziele vereinbart werden sollten, die an den SMART-Kriterien ausgerichtet sind. Der Kreativität sind bei der Zieldefinition kaum Grenzen gesetzt, wie eine interessante Zieldefinition aus der Region Eifel belegt: „In fünf Jahren soll in unserer Region keine Ölheizung mehr neuinstalliert werden." Weitere Teilziele könnten für einzelne Energieträger oder als Stufenziele auf dem Weg zum 100% Ziel definiert werden.

Aus Situations- und Potenzialanalyse, welche ja auch nach einem grundsätzlich technisch machbaren und einem bereits kurzfristig wirtschaftlich machbaren Potenzial unterscheiden sollte, lassen sich in der Regel auch Nah- und Fernziele ableiten.

2.4. Bestimmung von Handlungsschwerpunkten, strategische Entscheidungen

Ziele können auf unterschiedlichen Wegen erreicht werden. So kann z.B. ein Ziel „x % Stromversorgung aus Photovoltaik bis zum Jahre y" durch viele kleine Anlagen auf Hausdächern, durch eine große freistehende Anlage, durch eine Kombination von beidem oder vielleicht auch ganz anders erreicht werden.

Um jedoch bei der Umsetzung an einem Strang und vor allem in eine Richtung zu ziehen, muss sich die Erneuerbare-Energie-Initiative nach Festlegung der Ziele auf die strategischen Eckpfeiler für ihre Arbeit einigen. Wichtige Anhaltspunkte für diese Diskussion kommen selbstverständlich aus den oben beschriebenen Analysen und deren Bewertung.

Dabei stehen Fragen zur Klärung an, wie z.B.:
- Ist es sinnvoll, sich zunächst auf einen Energieverbrauchsbereich (Strom, Wärme, Treibstoffe) zu konzentrieren?

- Konzentrieren wir uns auf schnelle vorzeigbare Erfolge (auch wenn sie zunächst klein sind) oder setzen wir auf den Aufbau eines breiten Unterstützernetzes?
- Setzen wir vorwiegend auf die Aktivierung regionalen Kapitals oder gehen wir überregional auf Investorensuche?
- Halten wir die Orientierung auf Verbraucher (Konzentration auf verbraucherbezogene Öffentlichkeitsarbeit) oder die Sensibilisierung der Anbieterseite (Konzentration auf Wirtschaftsförderung, Clustermanagement u.a.) für zielführender?
- Streben wir zunächst ein großes Leuchtturmprojekt an oder setzen wir auf viele kleine Bausteine?

Als Ergebnis einer solchen Diskussion wird eine bestimmte Anzahl an vorwiegend zu bearbeitenden **Handlungsschwerpunkten** vorliegen.
Es kann sinnvoll sein, diese Schwerpunkte in der regionalen Partnerschaft durch die Einrichtung entsprechender Arbeitskreise im Rahmen des ideellen Unterstützernetzwerks zu untermauern und zu institutionalisieren. Diese Arbeitskreise sind dann für die schwerpunktspezifische Weiterentwicklung des Erneuerbare-Energie-Konzeptes verantwortlich und arbeiten für ihr Handlungsfeld die geeigneten Maßnahme- und Projektvorschläge aus.

2.5. Definition von Maßnahmen und Projekten

In diesem Prozessschritt geht es um die Entwicklung von Maßnahmenvorschlägen, deren genaue Beschreibung – möglichst anhand eines einheitlichen Schemas – sowie um deren Bewertung und Auswahl im Hinblick auf ihre Eignung, zu den Konzeptzielen beizutragen.
An innovativen und guten Ideen besteht zumeist kein Mangel. Vielfach entstehen die Maßnahmenvorschläge praktisch von selbst aus den Ergebnissen der Analyse und der Definition der Ziele und Handlungsschwerpunkte. Viele der beteiligten Akteure werden ihre Vorschläge einbringen. Im den Kapiteln V und VI haben wir darüber hinaus einen umfassenden Katalog an möglichen Ideen und Beispielen speziell für die so genannten „weichen" Maßnahmen für regionale Erneuerbare-Energie-Initiativen zusammengetragen.

Projektdatenblatt

Das Projektdatenblatt hilft bei einer systematischen Entwicklung von Projekten und bei der Auswahl aus unterschiedlichen Ideen.

→ *www.100re.net*
Instrumente und Aktivitäten
Konzeptentwicklung – Projektdatenblatt

Da die zeitlichen und finanziellen Ressourcen von regionalen Erneuerbare-Energie-Initiativen beschränkt sind, bietet es sich an, die einmal zusammengetragene Maßnahmenliste etwa im Hinblick auf Kriterien wie Machbarkeit, Zielbeitrag usw. zu priorisieren und ggf. in kurzfristig bzw. langfristig umzusetzende oder in besonders wichtige bzw. weniger wichtige Maßnahmen zu strukturieren.

Projektauswahlworkshop

Dieses Dokument hilft bei der Entwicklung eines Workshops bei dem gemeinsam Projekte für die weitere Arbeit ausgewählt werden sollen.

→ *www.100re.net*
Instrumente und Aktivitäten
Konzeptentwicklung – Projektauswahlworkshop

Diese Bewertungen können beispielsweise im Rahmen eines Workshops des Unterstützernetzwerks vorgenommen werden. Sammeln Sie dafür vorab die Maßnahmenvorschläge und entwickeln Sie ein Kriteriensystem, mit dem die einzelnen Vorschläge von den Teilnehmern bewertet werden können. Um eine umfassende Beurteilung der Maßnahmenvorschläge zu ermöglichen, kann dieses Kriteriensystem z.B. technologische, betriebsökonomische, regionalökonomische, soziale, regionalstrukturelle und regionalpolitische Kriterien umfassen. Dokumentieren Sie in jedem Fall das Ergebnis der Bewertung im Erneuerbare-Energie-Konzept.

2.6. Beteiligung des Unterstützernetzwerkes an der Erstellung des Konzeptes

Es wurde bereits mehrfach herausgestellt, dass die Erstellung eines regionalen Erneuerbare-Energie-Konzeptes keine reine Expertenaufgabe ist.

Es ist sicherlich sinnvoll, die Koordination der verschiedenen Arbeitsschritte und die redaktionellen Arbeiten in die Hand einer einzelnen Person oder einer kleinen Gruppe von Personen zu geben – und es ist von Vorteil, wenn diese schon einmal Ähnliches getan haben. Übergeben Sie die Koordination, Prozessstrukturierung und –moderation sowie die (End-)redaktion ggf. einem (externen) Experten, wenn entsprechende Ressourcen verfügbar oder akquirierbar sind. Dieser Experte kann evtl. auch schwierigere bzw. umfassendere Teile der Analyse übernehmen.

Insgesamt jedoch sollte die Erarbeitung des regionalen Erneuerbare-Energie-Konzeptes – vor allem aber die im Prozess zu treffenden Entscheidungen und Weichenstellungen – unbedingt eine Aufgabe des Unterstützernetzwerks sein. Schließlich geht es bei dem Konzept vorwiegend um die Einbindungen der vielen Einzelaktivitäten zur regionalen Energiewende in ein strategisches Ganzes!

An einigen Stellen im Prozess der Konzepterstellung sollten deshalb gut vorbereitete und moderierte Workshops vorgesehen werden, um die zentralen Weichenstellungen zu einer Sache der gesamten Partnerschaft zu machen:

- Die Bewertung der Analyseergebnisse sowie die Festlegung der wesentlichen Ziele und strategischen Eckpfeiler der Initiative gehören inhaltlich eng zusammen und sollten von der gesamten Partnerschaft im Rahmen einer gemeinsamen Veranstaltung vorgenommen werden. Eine „Abarbeitung" dieser Aufgaben im Rahmen eines einzigen Workshops stellt allerdings eine große Herausforderung dar. Verteilen Sie diese Punkte über zwei Veranstaltungen, wenn sich die Option dazu bietet. Wenn die Veranstaltungen auch der Teambildung und dem Zusammenwachsen des Netzwerks dienen sollen, ist diese Vorgehensweise besonders ratsam. Falls Sie sich doch für einen einzelnen Workshop entscheiden, sollte er hervorragend vorbereitet sein und von Moderationsprofis geleitet werden. Planen Sie mindestens einen kompletten Tag dafür ein.
- Die Maßnahmenentwicklung und -zusammenstellung kann, wenn die strategischen Eckpfeiler der regionalen Erneuerbare-Energie-Entwicklung geklärt sind und Arbeitskreise eingerichtet wurden, von diesen übernommen werden.
- Dagegen ist die Maßnahmenbewertung und –priorisierung wieder Sache der gesamten Partnerschaft. Bei guter Vorbereitung (z.B. Projektbeschreibungen wurden bereits im Vorfeld an die Teilnehmer verschickt) und abhängig vom Umfang der zu bewertenden Maßnahmen kann ein ca. ½ tägiger Workshop hier ausreichen.
- Schließlich sollte sich das Unterstützernetzwerk, wenn das Konzept steht und in die Umsetzung gegangen ist, etwa einmal im Jahr zu einer Revisions-Werkstatt treffen, um die Fortschritte bei der Zielerreichung und die Qualität der Zusammenarbeit zu diskutieren und ggf. zu revidieren. Dazu können Vorarbeiten, wie sie in Abschnitt 4 dieses Kapitels beschrieben werden, ein wertvoller Input sein.

3. Phase III: Die Umsetzung

Die wesentlichen Bestandteile der Phase III des Erneuerbare-Energie-Prozesses werden in diesem Handbuch in eigenen Kapiteln ausführlich behandelt. In der Umsetzungsphase geht es um:

- die Konsolidierung und Weiterentwicklung der Arbeitsstrukturen der regionalen Erneuerbare-Energie-Initiative (vgl. Kapitel III).
- die Durchführung der im Konzept zusammengestellten Maßnahmen und Projekte im „hardware" und im „software" – Bereich. (In den Kapiteln V und VI sind vielfältige Tipps und Beispiele zu „software"-Maßnahmen zusammengestellt. Hinsichtlich der „hardware"-Maßnahmen verweisen wir auf die zahlreich vorhandenen Leitfäden, Handbücher und Internetseiten, die sich mit technischen Fragestellungen der verschiedenen Erneuerbare-Energie-Technologien beschäftigen).

Neben den zahlreichen einzelnen Akteuren des Erneuerbare-Energie-Netzwerkes erlangt spätestens in dieser Phase das Koordinationsbüro (vgl. Kapitel III) entscheidende Bedeutung. Es ist seine Aufgabe, die verschiedenen Einzelaktivitäten der Erneuerbare-Energie-Initiative zu koordinieren, auf Querbezüge und Kooperationsmöglichkeiten hinzuweisen und, wo möglich, Hinweise und Hilfestellung zu geben.

4. Phase IV: Evaluation und Monitoring

4.1. Evaluation, wozu und wie?

In einem längerfristigen Prozess sollte man in regelmäßigen Abständen hinterfragen, ob man sich (noch) auf dem richtigen Weg befindet. Hierfür haben sich die Begriffe Monitoring, Evaluation und Controlling etabliert. Dabei soll überprüft werden, wie es um die Erreichung der Ziele des Prozesses steht, wie die regionale Zusammenarbeit funktioniert und wo Verbesserungspotenziale der laufenden Arbeiten zu finden sind.

Evaluation und Monitoring werden von eher systematisch und planerisch denkenden Menschen und Fördergebern immer wieder eingefordert. Sie sind aber bei den „Machern" und Koordinatoren vor Ort, gleichgültig ob auf Projekt- oder gesamtregionaler Ebene, sehr unbeliebt und stehen im Ruf, von der eigentlichen Arbeit abzuhalten.

Deshalb sind drei Punkte für eine gute Evaluation unverzichtbar:

- **Datenerhebung mit minimalem Aufwand:** Dazu ist es wichtig, zentrale Daten zum regionalen Prozess und zu den einzelnen Projekten von Beginn an quasi nebenbei mit zu erfassen. Bedenken Sie deshalb bei der Zielformulierung für den regionalen Erneuerbare-Energie-Prozess und für die einzelnen Projekte sogleich die Prüfkriterien und die dafür erforderlichen Informationen mit und schaffen Sie eine Routine für ihre Erhebung.
- **Evaluation als Managementinstrument begreifen:** Evaluation muss stets so anlegt sein, dass das Prozess- bzw. das Projektmanagement davon profitiert. Machen Sie sich deshalb von vorneherein klar, wie die Evaluationsergebnisse in den regionalen Prozess eingespeist werden.
- **Evaluation sinnvoll im Prozess nutzen:** Die Verbreitung und Diskussion der Evaluationsergebnisse kann beispielsweise als Aufhänger für ein größeres Netzwerktreffen mit Strategiediskussion und anschließendem gemeinsamem Fest dienen. Befragungen im Rahmen von Evaluationen können darüber hinaus auch den Charakter von Bewusstseinsarbeit bekommen, etwa

wenn Schüler, Lehrer und Eltern zu ihrem Wissen und ihren Meinungen zu einer Solaranlage auf dem Schuldach befragt werden.

- Fortschrittsberichte, etwa von Projektträgern, können gleichzeitig mit leichten Modifikationen für die Presse- und Öffentlichkeitsarbeit eingesetzt werden.
- Inzwischen relativ weit verbreitet ist das Monitoring des Ertrags von Solarstromanlagen, dessen Ergebnisse beispielsweise fortlaufend auf der Webseite der Erneuerbare-Energie-Initiative dargestellt werden. So können sich z.B. Investitionswillige sehr einfach einen Überblick verschaffen, mit welchen Erträgen in einer bestimmten Region zu rechnen ist.

Beispiel: Photovoltaik-Vergleichsanlagen

Einige regionale Solarinitiativen stellen auf ihren Internetseiten die Ertragsdaten von PV-Anlagen in der Region dar. So können sich z.B. Investitionswillige sehr einfach einen Überblick verschaffen, mit welchen Erträgen in einer bestimmten Region zu rechnen ist.

Siehe z.B.: www.forum-oekologie.org/vergleichsanlagen.htm

www.rosolar.de/sogehts/vglanlage.html

Ähnliche Darstellungen gibt es auch für Biomasseanlagen

Info unter: www.novaenergia.org.

Evaluation darf nicht unter-, aber auch nicht überschätzt werden. Allein durch Evaluation ist es sicherlich **nicht** möglich,

- die Wirkung der Umsetzungsarbeit zu beweisen,
- den Verantwortlichen Entscheidungen abzunehmen,
- Arbeitsplätze zu sichern oder
- Geld einzusparen.

Evaluation alleine kann Probleme nicht lösen, aber sie kann Beiträge dazu leisten, diese besser zu verstehen und Verbesserungsvorschläge zu identifizieren.

Im Zusammenhang mit einem regionalen Erneuerbare-Energie-Prozess sind grundsätzlich zwei Evaluationsgegenstände von Bedeutung:

- **Gesamtprozess:** Dabei können zum einen die inhaltlichen Ergebnisse und Wirkungen des regionalen Erneuerbare-Energie-Prozesses (installierte Anlagen in der Region, eingesparte Emissionen in der Region, geschaffene Arbeitsplätze, gegründete Unternehmen etc.) betrachtet werden. Ebenso wichtig ist aber auch eine Bewertung des Prozesses als solches. (Sind die wichtigsten Akteure beteiligt? Leistet die regionale Koordinationsstelle gute Arbeit? Funktionieren die Arbeitskreise? usw.)
- **Einzelne Projekte und Maßnahmen:** Auch auf Projektebene können beide Aspekte – inhaltliche Ergebnisse und Wirkungen sowie das Projektmanagement betrachtet werden.

Auf Prozessebene sollten beispielsweise Themenkomplexe abgefragt werden, wie:

- **Öffentlichkeitsarbeit:** Gelingt es, Erfolge zu verkaufen? Sind die angewandten Instrumente der Öffentlichkeitsarbeit die geeigneten?
- **Strukturen und Partnerschaft:** Ist die Struktur der regionalen Partnerschaft die geeignete? Haben wir die richtigen Partner? Ermöglicht die Struktur Lernfähigkeit und Austausch? Ist die Beteiligung wie gewünscht? Ermöglicht die Struktur Transparenz, Offenheit, Flexibilität?
- **Regionalmanagement:** Wie ist die Arbeit der regionalen Koordinationsstelle zu beurteilen? Reichen die finanziellen Mittel aus?
- Darüber hinaus können auch Stimmungen und Trends abgefragt werden, wie z.B. **Vorstellungen und Wünsche** hinsichtlich der künftigen Arbeitsschwerpunkte der regionalen Partnerschaft.

Eine Evaluation muss nicht von externen Experten durchgeführt werden. Auch das Controlling im Unternehmensbereich wird schließlich in vielen Fällen firmenintern geleistet. Wenn die Ziele und die dazugehörigen Prüfkriterien klar festgelegt sind, kann die Datenbeschaffung und –aufbereitung von Mitgliedern des regionalen Netzwerks (denkbar ist auch der Einbezug von Schulklassen oder Studierendenprojekten) durchgeführt werden. Ein externer Dienstleister kann hier - ggf. auch für Teilaufgaben - eingeschaltet werden, wenn die regionalen Partner selbst nicht die Zeit dafür aufbringen können oder wollen.

Für die Interpretation und Diskussion der Ergebnisse bietet sich eine Zusammenarbeit mit einem externen Moderator vor allem dann an, wenn die Evaluationsergebnisse Anlass zu Auseinandersetzungen bzw. größeren Kursveränderungen geben.

4.2. Typischer Ablauf eines Evaluationsverfahrens

Die folgenden Arbeitsschritte gehören zu jeder Evaluation:

- **Abgrenzung des Bewertungsgegenstands**
  Zunächst ist sehr genau festzulegen, was evaluiert werden soll: Eher inhaltliche Fragestellungen (Ergebnisse, Wirkungen) oder eher Fragen des Prozessmanagements und der Zusammenarbeit? Die gesamtregionale Ebene oder die Ebene einzelner Projekte und Maßnahmen?
- **Bestimmung eines Evaluationsteams**
  Wie oben dargestellt, kann die Evaluation grundsätzlich eigenständig durch die regionale Partnerschaft oder durch externe Dienstleister durchgeführt werden.
- **Erstellen einer Ziel-, Kriterien- Indikatorenhierarchie, ggf. Klarstellung von Kriterien und Indikatoren**
  Je genauer bei der Definition der Ziele im Rahmen des Erneuerbare-Energie-Konzeptes gearbeitet wurde, um so leichter ist die Arbeit hier. Wurden bei der Aufstellung der Ziele bereits die SMART-Kriterien (s. Phase II) beachtet, ergibt sich die Liste der Prüfkriterien quasi von selbst. Sollte dies nicht der Fall sein, muss spätestens an dieser Stelle geklärt werden, anhand welcher Prüfsteine sich die regionale Partnerschaft messen lassen möchte und anhand welcher Informationen man beurteilen kann, ob die bisherige Entwicklung positiv oder negativ war.
- **Bestimmung von Informationsquellen, Erhebungsmethoden und Erhebungskonzept**
  Sind Kriterien und Indikatoren klargestellt, kann in einem nächsten Schritt festgelegt werden, wo und auf welche Art man die benötigten Daten und Informationen erhält. Idealerweise erfolgt dieser Arbeitsschritt in enger Rückkoppelung mit dem vorhergehenden, da aus arbeitsökonomischen Gründen keine Indikatoren ausgewählt werden sollten, zu denen nur äußerst aufwändig Daten zu erhalten sind.
- **Informations- und Datenerhebung**
  Die Datenerhebung kann abhängig vom jeweiligen Indikator sehr einfach, aber auch sehr aufwändig sein. Die Spanne reicht von der Abfrage einer ein-

zelnen Zahl bei einem lokalen Energieversorger oder der Landkreisverwaltung bis zur umfangreichen Fragebogenaktion mit vielen Befragten. Grundsätzlich kann an die folgenden Erhebungsmethoden gedacht werden:

- Analyse bestehender Studien, Daten- und Dokumente, Protokolle usw.
- Primärerhebung (Messungen, Zählungen, etc.)
- schriftliche Befragungen mittels Fragebögen
- mündliche Befragungen unterschiedlicher Art (nach einem festen Fragebogen, halbstandardisiert oder vollkommen offen)
- Beobachtungen (z.B. von Projekttreffen usw.)

- **Datenauswertung und -interpretation**
  Die Datenauswertung umfasst die reine Beschreibung und Zusammenstellung der erhobenen Daten in Form von Auszählungen, Tabellen und Graphiken etc.
  Darauf aufbauend können die Daten dann interpretiert, d.h. aus Sicht der Evaluatoren in den Zusammenhang eingeordnet werden. Es bietet sich an, dass der Organisator bzw. Hauptausführende der Evaluation dazu einen ersten Entwurf macht, der dann im nächsten Schritt präsentiert und diskutiert wird.
- **Präsentation und Diskussion der Evaluationsergebnisse**
  Dies ist der Arbeitsschritt, bei dem die Ergebnisse der Evaluation sozusagen wieder zurück zu den Akteuren der regionalen Erneuerbare-Energie-Initiative gespielt werden. Diskutieren Sie die Ergebnisse zum Beispiel im Rahmen eines Workshops und ziehen Sie entsprechende Schlüsse für die weitere Arbeit und Strategie.
- **Berücksichtigung der auf den Evaluationsergebnissen beruhenden Beschlüsse** im regionalen Erneuerbare-Energie-Konzept bzw. Prozess und ggf. in einzelnen Projekten.

Handbuch Selbstevaluation

Einen guten Überblick über die Schritte, die man bei der Evaluation eines regionalen Entwicklungsprozesses beachten sollte, gibt das Handbuch von Dietmar Kanatschnig und Petra Schmutz.

→ *www.nachhaltigkeit.at bibliothek/pdf/ leitfaden_selbstevaluation.pdf*

Den regionalen Strukturwandel einleiten: Strukturen für regionale Erneuerbare-Energie-Initiativen

Kapitel III

1. Erneuerbare Energien als Dynamo regionalen Strukturwandels

1.1. Erneuerbare Energien bewirken regionalen Strukturwandel

Die Nutzung Erneuerbarer Energien – oder allgemeiner die nachhaltige Energienutzung – bietet Regionen, vor allem in ländlichen Gebieten oder in Städten mit einem hinreichend großen ländlichen Umland, vielfältige Chancen und Vorteile gegenüber der herkömmlichen, fossil dominierten Energieversorgung: Schaffung regionaler Wertschöpfung und Arbeitsplätze statt Wertabfluss durch Einkauf von Energie von außerhalb der Region; Stärkung der regionalen Identität; Beitrag zum regionalen Umweltschutz und eines besseren Lebensumfeldes sowie Gewissheit, für den globalen Umweltschutz einen wichtigen Beitrag zu leisten; Verminderung der Abwanderung aus wirtschaftlich benachteiligten Regionen und Stärkung der sozialen Netze. Sowohl die positiven wirtschaftlichen als auch sozialen Konsequenzen zeigen sich unter anderem durch das Entstehen von:

- neuen wirtschaftlichen Betätigungen existierender Unternehmen (Landwirte, die Biogasanlagen, Waldbesitzervereinigungen, die Holzhackschnitzelheizwerke betreiben, Handwerker, die Solaranlagen installieren, etc.),
- neuen Unternehmen zur Nutzung Erneuerbarer Energien (Produzenten erneuerbarer Treibstoffe, Strom und Wärme sowie vorgelagerter Produkte), darunter Unternehmen mit einer großen Anzahl regionaler Anteilseigner (z.B. Bürgerkraftwerke),
- neuen Lieferbeziehungen zwischen regionalen Akteuren (rohe Biomasse, fertige Brenn- und Treibstoffe, Strom, Wärme),
- neuen wirtschaftlichen Verträgen (Pacht von Flächen für Solar- oder Windenergieanlagen),

- einer besseren, geordneten Nutzung von Ressourcen (z.B. Durchforstung von Wäldern),
- einer Entwicklung einer stärkeren regionalen Identität („Wir sind eine 100% EE Region.") und intraregionaler, sozialer Netze.

Somit bietet die Nutzung Erneuerbarer Energien die **Möglichkeit der umfassenden Erneuerung und des belebenden Strukturwandels** von Regionen. Dieser mit so vielfältigen Chancen und Vorteilen verbundene Strukturwandel ist das eigentliche Ziel der Nutzung Erneuerbarer Energien in Regionen!

1.2. Gefahr der Blockade durch bestehende Strukturen

Eine umfassende Erneuerung von Regionen erfolgt nicht schlicht durch die sukzessive Installation technischer Anlagen zur Nutzung Erneuerbarer Energien. Die Gefahr ist dabei nicht so sehr, dass die Einführung Erneuerbarer Energien ohne Effekte bleibt, sondern eher, dass zunächst eine Reihe von Faktoren die nachhaltige Energienutzung selbst be- oder verhindert:

- Die potenziellen neuen wirtschaftlichen Akteure haben zunächst grundsätzlich mit allen Schwierigkeiten zu kämpfen, mit denen Existenzgründer konfrontiert sind - oder Firmen, die ihr Betätigungsfeld verändern oder erweitern. Im Bereich der Erneuerbaren Energien kommt jedoch hinzu, dass es sich um neuartige wirtschaftliche Tätigkeiten handelt, die zudem in Konkurrenz zu etablierten wirtschaftlichen Strukturen der fossilen Energiewirtschaft stehen. Deren Akteure können sich zwar im Bereich der Erneuerbaren Energien engagieren. Sie müssen aber auf Grund ihres strukturellen Konservativismus erst oft einmal davon überzeugt werden.
- Für die neuen Lieferbeziehungen und Verträge gibt es oftmals noch sehr wenige oder nicht ganz für die jeweilige Situation passende Vorlagen und Muster. Dies bedeutet Mehraufwand bei deren Konzeption und juristischer Absicherung.
- Neuen Lieferbeziehungen und Verträgen stehen oft auch existierende Lieferbeziehungen und Verträge für fossile Energie im Wege, wo die etablierten Vertragspartner (Stromversorger, Heizöllieferanten etc.) in Erneuerbaren Energien naturgemäß nur eine Konkurrenz erkennen können.

- Misstrauen gegenüber den neuen Technologien kostet Zeit und Geld für Überzeugungsarbeit. Es führt im Tagesgeschäft zu vielen Rückfragen, ungerechtfertigten Reklamationen wegen vermeintlicher Defekte u.a.

Wie schnell Erneuerbare Energien in einer Region eingeführt und wie schnell ihre Vorteile sich entfalten können, wird daher von einer Reihe von Faktoren beeinflusst, die mit existierenden Rahmenbedingungen und existierenden (regionalen) Strukturen zu tun haben. Dies ist zunächst nicht ungewöhnlich und allen Innovationsprozessen in gewisser Weise gemein. Erneuerbare Energien haben jedoch gegenüber anderen innovativen Produkten einige Besonderheiten und Nachteile:

- Der Zusatznutzen des innovativen Produkts „Erneuerbare Energie" besteht in erster Linie in der Schonung der natürlichen Ressourcen und kommt damit dem Gemeinwohl zugute, wogegen der individuelle Nutzer zunächst keinen direkten Zusatznutzen hat.
- Die etablierten Anbieter des Konkurrenzprodukts „fossile Energie" haben, bedingt durch ihre jahrzehntelange Monopolstellung, eine sehr große Marktmacht aufgebaut. Diese bedingt zunächst ihre starke wirtschaftliche Konkurrenzstellung.
- Die Marktmacht der etablierten Anbieter fossiler Energie wurde teilweise über Jahrzehnte hinweg auch dazu missbraucht, Erneuerbare Energien grundsätzlich zu diskreditieren. Restbestände des dadurch entstandenen öffentlichen Eindrucks der Untauglichkeit belasten auch weiterhin die Einführung Erneuerbarer Energien.

1.3. Den dynamischen Wandel anstoßen

Bei der Einführung Erneuerbarer Energien in Regionen geht es nun darum, einen regionalen Strukturwandel einzuleiten, der die eingangs aufgeführten vielfältigen regionalen Chancen und Vorteile erschließt, die genannten Blockaden aber umgeht.

Die möglichen Blockaden haben, allgemein gesprochen, mit bestehenden Strukturen zu tun. Anders herum formuliert: Die Einführung Erneuerbarer Energien führt nicht nur selbst zu neuen regionalen Strukturen, sondern setzt auch in einem gewissen Umfang bereits solche neuen regionalen Strukturen voraus, um selbst zu gelingen. Eine dynamische Entwicklung kann darum nur durch einen **wechselseitigen Prozess zwischen Veränderung von Rahmenbedingungen und Strukturen sowie konkreter Nutzung Erneuerbarer Energien** erfolgen. Bei einer positiv verstärkenden Rückkopplung entfaltet sich beides, eine negative Rückkopplung führt zur Blockade.

Verstärkende Rückkopplung von nachhaltiger Energienutzung und regionalen Strukturen

Von Vorteil für die regionale Strukturentwicklung ist nun, dass für den Aufbau neuer Strukturen, wie sie für die Nutzung Erneuerbarer Energien benötigt werden, gerade die **regionale Handlungsebene prädestiniert** ist, da hier die kritische Masse an Akteuren und das notwendige Energiepotenzial aufgebracht werden können. Dennoch sind die Kommunikationswege vergleichsweise überschaubar. Entscheidend für die regionale Entwicklung einerseits und die umfassende nachhaltige Energienutzung andererseits ist die Qualität der Rückkopplung oder des Wechselspiels beider.

Damit beschäftigt sich dieses Kapitel. Es beleuchtet den Zusammenhang von Erneuerbaren Energien und regionaler Strukturentwicklung im Licht der Leitfrage:

„Welche Strukturen geben sich idealerweise regionale Erneuerbare-Energie-Initiativen, damit es zu einem dynamischen und positiven Wechselspiel zwischen der Nutzung Erneuerbarer Energien und regionalem Strukturwandel kommt?"

2. Kooperation überwindet Blockaden

Bevor wir in diesem Kapitel eine idealtypische Struktur für regionale Erneuerbare-Energie-Initiativen entwickeln, ist ein genauerer Blick auf die Blockaden notwendig, die potenziell der Nutzung Erneuerbarer Energien in Regionen entgegenstehen und somit verhindern können, dass eine dynamische, wechselseitige Entwicklung dieser Nutzung und des regionalen Strukturwandels entsteht. Daraus können bereits wichtige Schlüsse gezogen werden für die Gestalt und Funktionen, die Strukturen Erneuerbarer-Energie-Initiativen haben sollten.

2.1. Ängste, Risiken und andere Blockaden

Die Einführung Erneuerbarer Energien in einer Region bedeutet Umstellungen in mehr oder weniger großem Umfang für eine große Zahl verschiedener Akteure: für Unternehmen bedeutet es, das Angebotsspektrum umzustellen, für Hausbesitzer bedeutet es, in neue, teilweise noch wenig bekannte Energieversorgungstechniken zu investieren. Reine Konsumenten müssen in einigen Fällen einen Perspektivenwechsel vollziehen und zu Produzenten von Energie werden, Genehmigungsbehörden haben plötzlich mit Situationen zu tun, die in den gängigen Verordnungen gar nicht oder nicht eindeutig erfasst sind, usw.

Solche Umstellungen sind mit Ängsten, Risiken und Widerständen verbunden, wie die weiter unten aufgeführten Beispiele aus dem Bereich der Pflanzenölnutzung anschaulich erläutern. Eine idealtypische Struktur für Erneuerbare-Energie-Initiativen muss dies berücksichtigen und Wege öffnen, auf denen Ängste, Risiken und Widerstände überwunden werden. Diese können sich in vielerlei Weise ausdrücken:

- Befürchtungen hinsichtlich der grundsätzlichen Zuverlässigkeit von Technologien zur Nutzung Erneuerbarer Energien.
- Widerstände Dritter gegen neue Aktivitäten im Bereich der Erneuerbaren Energien auf Grund von Ängsten, Unkenntnis etc., etwa Widerstände von Anwohnern gegen eine Biogasanlage wegen der Befürchtung von Geruchs-

belästigungen, blockierende Ausschöpfung von Interpretationsspielräumen durch Genehmigungsbehörden etc.

- Risiko der unternehmerischen Entscheidung angesichts der Ungewissheit, für ein neues Produkt oder eine neue Dienstleistung auch genügend viele Kunden zu finden.

Grundsätzliche Zweifel an der Zuverlässigkeit Erneuerbarer Energien

Fälle, in denen grundsätzliche Zweifel an der Zuverlässigkeit Erneuerbarer Energien deren Einführung und Nutzung beeinträchtigen, wenn nicht gar behindern, gibt es viele. Zum Beispiel behindert Misstrauen gegenüber Rapsöl bezüglich seiner Eignung als Treibstoff dessen Einsatz. Dies kann Ölproduzenten und Fahrzeugumrüstern aus der Region den wirtschaftlichen Boden unter den Füßen wegziehen. Wenn mangels Erfahrung und guter Referenzen regional ansässige Banken und Sparkassen keine Kredite für Anlagen zur Nutzung Erneuerbarer Energien geben, kann dies manche Installation verhindern.
Eine Begebenheit aus dem Bereich der Nutzung von reinem Pflanzenöl als Treibstoff veranschaulicht die Auswirkungen, die mangelndes Vertrauen in Erneuerbare Energien nach sich ziehen kann:

Ein Landwirt hatte seinen Traktor auf den Betrieb mit reinem Pflanzenöl umstellen lassen. Beim Durchfahren einer Unterführung hörte er ein lautes Geräusch, vermutete sofort einen Motorschaden und stoppte den Traktor. Der Meister der betreuenden Werkstatt horchte und diagnostizierte ebenfalls messerscharf einen Totalschaden des Motors – ganz gewiss und zweifelsohne wegen des Pflanzenöls – und wies an, den Traktor zur Reparatur zur Umrüstungsfirma zu transportieren.

Diese fand schnell heraus, dass der Motor in keiner Weise beschädigt war, sondern dass sich lediglich die Frontzapfwelle gelöst hatte und von unten gegen die Ölwanne schlug. Die Wartungswerkstatt hätte dies leicht erkennen und auch beheben können. Mit Pflanzenöl hatte dieser Defekt nicht das Geringste zu tun. Die durch die Fehldiagnostik der Wartungswerkstatt entstandenen Kosten musste die Umrüstungsfirma tragen. Der Landwirt hatte unnötigerweise für einige Zeit auf seinen Traktor verzichten müssen.

Quelle: Dr. Georg Gruber, Vereinigte Werkstätten für Pflanzenöltechnologie (VWP), persönliche Mitteilung

Stetige Informations- und Schulungsarbeit kann solchen kostenintensiven Fehlschlüssen von Wartungswerkstätten und anderen Akteuren vorbeugen. In einer Region, in der sich eine Geschichte wie die hier beschriebene einmal herumgesprochen hat und sich hinreichend viele (selbst nicht betroffene) Menschen darüber amüsiert haben, wird ein ähnlicher Vorfall sehr unwahrscheinlich sein. Regionale Erneuerbare-Energie-Initiativen können dazu einen Beitrag leisten.

Widerstände Dritter

Widerstände Dritter können ebenfalls sehr vielgestaltig auftreten und haben sehr viel mit mangelnder Einbindung, ungenügender Information oder fehlender Berücksichtigung Erneuerbarer Energien in Gesetzen, Verordnungen und Leitfäden in vielen gesellschaftlichen Bereichen zu tun. Während gesetzliche Aspekte nur selten direkt auf der Ebene von Regionen behandelt werden können, kann die Entwicklung von Leitfäden für verschiedene gesellschaftliche Bereiche durchaus auch auf regionaler Ebene angegangen werden.

Das folgende Beispiel der Genehmigung eines Tanks für Pflanzenöl illustriert, wie Widerstände von Genehmigungsbehörden konkret aussehen können:

Die gleiche Motorenumrüstungsfirma wie die in der neben zitierten Begegenheit genannte beantragte bei anderer Gelegenheit die Genehmigung für einen Tank zur Lagerung von Pflanzenöl. Die mit der Genehmigung befasste Person im Landratsamt fand nun den Begriff „Pflanzenöl" nicht in den relevanten Vorschriften, wohl aber die Kategorie „andere Treibstoffe". Für solche galt aber wegen der besonderen Gefährlichkeit der damit bezeichneten Flüssigkeiten die Auflage, bei Tanks im Außenraum eine doppelte Auffangwanne zu installieren.

Die genannte Firma widersprach und wies auf die Wassergefährdungsklasse 0 von Pflanzenöl hin. Die Diskussion zog sich hin, bis einer der Gesellschafter den verunsicherten Vertreter der Genehmigungsbehörde unter den Walnussbaum vor dem Firmensitz führte. „Dieser Baum wirft jeden Herbst zwei Zentner Pflanzenöl zu Boden und hat auch keine doppelte Auffangwanne", gab er zu Bedenken. Diese Argumentation überzeugte letztendlich und die Genehmigung zum Bau des Tanks wurde, auch ohne Auffangwanne, erteilt. Der Genehmigungsbescheid wurde bei gleich gelagerten Fällen inzwischen oft und erfolgreich versandt.

Die durch die zu leistende Überzeugungsarbeit verlorene Arbeitszeit konnte leider niemandem in Rechnung gestellt werden.

Quelle: Dr. Georg Gruber, Vereinigte Werkstätten für Pflanzenöltechnologie (VWP), persönliche Mitteilung.

Was in dem beschriebenen Beispiel geschehen ist, lässt sich verallgemeinern: ein zögernder Bearbeiter eines Genehmigungsprozesses benötigte fundierte Hintergrundinformationen, um einen positiven Bescheid in einer durch die existierenden Verordnungen nicht eindeutig geklärten Situation rechtfertigen zu können. Solche **Hintergrundinformationen können von regionalen Erneuerbare-Energie-Initiativen verbreitet werden.**

Neben Widerständen von Genehmigungsbehörden sind vor allem Weigerungen von Kreditinstituten, für Investitionen in Erneuerbaren Energien einen Kredit zu geben, von Bedeutung. Hier gibt es mittlerweile zahlreiche Beispiele der regionalen Kooperation von Erneuerbare-Energie-Initiativen mit Banken und Sparkassen, durch welche Vorbehalte und Widerstände aufgehoben werden konnten und bei denen Kreditinstitute sogar zu regionalen Pfeilern von Prozessen zur Einführung Erneuerbarer Energien wurden. Allgemein gesprochen ist es wichtig, dass die hier summarisch als „Dritte" bezeichneten Akteure in vielen Fällen aus der Region kommen oder darin ein Amt ausüben. Sie können folglich grundsätzlich auf regionaler Ebene angesprochen und in Prozesse eingebunden werden.

Mangelnde betriebswirtschaftliche Rentabilität
Nationaler und internationaler Rahmen

Technologien zur Nutzung Erneuerbarer Energien sind fast durchweg neue Technologien. Anlagen, die sich dieser Technologien bedienen, werden noch in vergleichsweise kleinen Stückzahlen und oft noch nicht in industriellem Maßstab gebaut. Sie sind darum oft noch teurer, als sie es bei Erstellung in großer Zahl sein müssten.

Doch es gibt in vielen Ländern Europas mittlerweile einen gesetzlichen Rahmen, der die betriebswirtschaftliche Rentabilität einer Anlage zur Nutzung Erneuerbarer Energien sichert, damit den Bau solcher Anlagen ankurbelt und durch die beschleunigte Lernkurve hilft, die Preise für Erneuerbare Energien schnell zu senken.

In Deutschland, Spanien und in abgestufter Weise auch in mehreren anderen europäischen Ländern erhöht zum Beispiel ein Gesetz über die Mindestvergütung von Strom aus Erneuerbaren Energien den Spielraum dafür, dass Windkraftanlagen, Photovoltaikanlagen, kleine Wasserkraftanlagen, Biomassekraftwerke und neuerdings auch geothermische Kraftwerke betriebswirtschaftlich rentabel betrieben werden können. In Deutschland ist dies das Gesetz für den Vorrang Erneuerbarer Energie (EEG) in seiner letzten Fassung vom 21. Juli 2004, welches vor allem einen Boom beim Bau von Photovoltaik- und Biogasanlagen ausgelöst hat. Der Boom des Baus von Windkraftanlagen wurde bereits durch das vorangegangene Stromeinspeisegesetz von 1990 ausgelöst.

In den meisten Ländern Europas existiert für Biotreibstoffe eine teilweise oder vollständige Befreiung von der Mineralölsteuer. Dadurch werden reines Pflanzenöl, Biodiesel und Biomethanol an der Tankstelle günstiger als fossile Treibstoffe. Im Wärmebereich fehlen bislang vergleichbare Regelungen. In Spanien gilt jedoch seit 2005 ein Gesetz, nach dem auf Neubauten und bei Renovierungen in bestimmten Fällen Solaranlagen installiert werden müssen. Auf der Ebene der EU ist eine Richtlinie in Vorbereitung, die nationale Gesetzgebungen zur Förderung der erneuerbaren Wärme- und Kälteerzeugung erzwingen soll.

Vor allem die Einspeisegesetze für Strom aus Erneuerbaren Energien, allen voran das deutsche EEG, haben durch den massiven Zubau von Anlagen zur erneuerbaren Stromerzeugung auch zu einer drastischen Preissenkung bei diesen Anlagen geführt.

Die Rentabilität von Erneuerbaren Energien wird aber nicht nur durch die Kosten von Anlagen zu ihrer Nutzung bestimmt. **Rentabilität ist immer ein relativer Begriff**, der ein Preis-Leistungsverhältnis im Vergleich zu einer Alternative beurteilt. Diese Vergleichsreferenz ist bei Erneuerbaren Energien das Preis-Leistungsverhältnis fossiler Energien. Hier lässt sich vor allem im Brenn- und Treibstoffbereich eine dramatische Preisentwicklung beobachten, die vor allem durch die große Nachfrage von China nach Erdöl angetrieben wird. Dadurch haben sich alle Rentabilitätsbetrachtungen der letzten Jahre, die durchweg von stabilen Öl- und Gaspreisen während der nächsten Jahrzehnte (!) ausgingen, endgültig zu Gunsten Erneuerbarer Energien überholt.

Diese Entwicklung und die nationalen Gesetzgebungen sowie die ihnen meist vorausgehenden EU-Rechtsverordnungen setzen den Rahmen für regionale Erneuerbare-Energie-Initiativen. Die Rentabilität von wirtschaftlichen Aktivitäten im Bereich Erneuerbare Energien hängt aber nicht nur von diesem überregionalen Rahmen ab. Sie wird auch durch Faktoren bestimmt, auf die regionale Energie-Initiativen Einfluss nehmen können. Diese Faktoren verdienen hier eine genauere Betrachtung.

Regionale Faktoren

Die Erläuterungen der letzten beiden Abschnitte haben gezeigt, dass Faktoren wie Arbeitszeit zur Beantwortung sinnloser Beschwerden oder zur Deckung eines überproportional hohen Informationsbedarfs von Genehmigungsbehörden zwar zunächst nichts mit der Rentabilität einer Technologie zu tun haben. Sie können diese jedoch trotzdem massiv beeinflussen. Auf solche Faktoren können gerade regionale Erneuerbare-Energie-Initiativen Einfluss nehmen!

All diese Faktoren sind hier als Kostenpositionen eines regionalen Unternehmens heruntergebrochen, das Anlagen zur Nutzung Erneuerbarer Energien baut. Unter „Anlage" ist der besseren Übersicht halber von der Solaranlage über Biogasanlagen, Pelletheizkessel bis hin zu umgerüsteten Dieselmotoren alles subsummiert, wenngleich nicht alle Punkte für alle Anlagen und Unternehmenstypen gleichermaßen von Bedeutung sind.

Der Preis, zu dem ein solches Unternehmen eine Anlage erstellen und betreiben kann, hängt u.a. ab von Folgendem:

- Intensität der Inanspruchnahme des Personals durch Anfragen, die letztendlich nicht auf ein Angebot, geschweige denn einen Auftrag hinaus laufen, sondern eher in die Kategorie „allgemeine Informations- und Bewusstseinsarbeit" einzuordnen sind.
- Zeit- und Arbeitsintensität von Gesprächen mit potenziellen Kunden, bedingt durch deren Informationsbedarf, noch vorhandene Zweifel, Notwendigkeit den genauen Kundenwunsch herauszukristallisieren etc.
- Intensität des Beratungsaufwands bei der Unterstützung des Kunden, ggf. Fördermittel zu beantragen (vor allem bei Solarkollektoren) oder einen Stromeinspeisevertrag abzuschließen.
- Intensität der erforderlichen Unterstützung des Kunden bei der Erlangung von Genehmigungen (siehe oben genanntes Beispiel des Pflanzenöltanks).
- Intensität des Kundendienstes, vor allem die Bearbeitung von Rückfragen, Fehlmeldungen von Mängeln oder Pannen (siehe oben genanntes Beispiel der Fehlmeldung bei einem Traktor, der mit Pflanzenöl betankt wird).
- Auslastung von Investitionen in Maschinen, Werkzeuge, Lizenzen, Weiterbil-

dung etc., abhängig von der Anzahl der tatsächlich akquirierten Aufträge.
- Aufwand beim Auffinden der richtigen Kooperationspartner für die zuverlässige und preisgünstige Belieferung mit Brennstoffen.
- Höhe des Risikos von Preisschwankungen oder Lieferunsicherheiten.

Es ist vergleichsweise leicht erkennbar, dass eine Entlastung dieser Unternehmen und damit eine Senkung ihrer Kosten sowie die **Möglichkeit der Preisreduktion von Erneuerbaren Energien durch ein Bündel verschiedener Maßnahmen** erreicht werden kann, welche durch Erneuerbare-Energie-Initiativen übernommen werden können:

- Heranbildung **kompetenter Kunden** durch Anfangsinformation und -beratung über Anlagen, Fördermittel und Finanzierungsoptionen, Genehmigungsverfahren, mögliche tatsächliche und vermeintliche Probleme und Mängel etc.,
- Marketing für Erneuerbare Energien,
- Schulung von Akteuren, die mit dem Kundendienst betraut werden,
- Heranbildung **kompetenter Anbieter** durch kostengünstige Weiterbildung der Unternehmen selbst,
- Schaffung von standardisierten Angeboten, für welche dann bereits Genehmigungen, Kreditoptionen etc. vorliegen und auf die bei potenziellen Kunden verwiesen werden kann,
- Vermittlung und Zusammenführung von Kooperationspartnern entlang der Wertschöpfungskette.

Werden Unternehmen bei diesen Aufgaben entlastet, werden ihre Kosten direkt gesenkt. Darüber hinaus können Kosten auch noch gesenkt werden, in dem Risiken vermindert werden, etwa durch langfristige Liefer- und Abnahmeverträge.

2.2. Konsequenzen für die Struktur einer regionalen Erneuerbare-Energie-Initiative

In den folgenden Teilen dieses Kapitels soll ein idealtypisches Modell der Strukturen regionaler Erneuerbarer-Energie-Initiativen dargestellt werden, das dazu beitragen kann, einen dynamischen Strukturwandel von Regionen hin zu mehr regionaler Wertschöpfung und Arbeitsplätzen, Diversifizierung und Stabilisierung der wirtschaftlichen Grundlagen, Stärkung regionaler Identität und sozialer Netze einzuleiten. Die konkrete Ausgestaltung dieser Strukturen kann und muss sich von Region zu Region unterscheiden, je nach Schwerpunkten, Akteurszusammensetzung, finanziellen Spielräumen usw.

Aus dem im letzten Abschnitt Gesagten lassen sich zwei wesentliche Grundzüge einer solchen idealtypischen Struktur ableiten:

1. Durch Formen der Kooperation zwischen verschiedenen Akteuren auf regionaler Ebene muss die Effizienz bei der Durchführung von Aufgaben gesteigert werden, welche Unternehmen im Bereich Erneuerbare Energien ansonsten zum Schaden ihrer Rentabilität jeweils einzeln übernehmen müssten. Zu diesen Aufgaben gehören allgemeine Kundeninformation, Marketing, Bereitstellung von Hintergrundinformationen für Kreditinstitute, Genehmigungsbehörden etc., Entwicklung gemeinsamer, standardisierter Angebote und ihrer Qualitätssicherung, gemeinsame Investitionen, z.B. in Weiterbildung, Zusammenführung von Partnern, die sonst nicht (so schnell) zusammen kämen (z.B. Großverbraucher und Landwirte oder Waldbesitzer).
2. Das kooperativ zu bewältigende Aufgabenspektrum umfasst sowohl **Aufgaben, die klar unternehmerischer Natur sind, als auch solche, die eher gemeinnütziger Natur sind.** Darum sollte die regionale Struktur dual sein, d.h. sowohl wirtschaftlich als auch gemeinnützig tätig werden können. Dafür spricht auch, dass das übergeordnete Ziel, die Region wirtschaftlich, sozial und ökologisch als ganzes zu entwickeln, im Gegensatz zu dem Teilziel der wirtschaftlichen Stärkung einzelner Unternehmen ein Ziel darstellt, das tendenziell eher von einer aktiven Bürgergesellschaft oder von öffentlicher Seite her zu verfolgen ist.

Innerhalb der kooperativen Struktur sind dafür gleichermaßen homogene und heterogene, vertikale und horizontale Verbindungen nötig:

- Horizontale und homogene Zusammenarbeit von Unternehmern, die das gleiche Produkt anbieten, z.B. von Handwerkern, die Solarkollektoren installieren und gemeinsam ein Paketangebot schnüren.
- Vertikale und homogene Zusammenarbeit von Unternehmern entlang einer Wertschöpfungskette und unter Einschluss von Verbrauchern, etwa von Waldbesitzern, Sägewerken und Holzhackschnitzelheizungsbesitzern, geregelt u.a. durch Liefer- und Abnahmeverträge für Holz und Holzhackschnitzel.
- Heterogene Zusammenarbeit im Sinne von Netzwerkbeziehungen möglichst vieler regionaler Akteure, die sich ideell hinter dem strukturpolitischen Ziel „Umstellung auf Erneuerbare Energien" versammeln.

Die Forschungsarbeit, die im Projekt „100% RENET" geleistet wurde (vgl. Kapitel I), hat diese Schlussfolgerungen auch empirisch belegt: regionale Erneuerbare-Energie-Initiativen, die das genannte Aufgabenspektrum abdecken und eine duale Struktur aufweisen, sind besonders erfolgreich.

In der wissenschaftlichen Diskussion gibt es weitere Diskussionsstränge, die zu ähnlichen Ergebnissen führen. Drei davon sind im folgenden Texteinsatz kurz dargestellt.

Die Empfehlung, im Zusammenhang mit der Umsetzung Erneuerbarer Energien in Regionen **kooperative Strukturen zu schaffen** – und dies sowohl im ideellen als auch im wirtschaftlichen Bereich – resultiert letztendlich aus drei aktuellen Diskussionssträngen:

1 Regional Governance

Die Diskussion zu regional governance zeigt, dass insbesondere informelle regionale Strukturen Innovationen im Sinne einer nachhaltigen Entwicklung in einer Region befördern und vereinfachen (vgl. Fürst 2003 und 2004). Durch die Neu-Konfiguration der relevanten Akteure wird ein Nährboden für neue Ideen geschaffen. Vor allem aber entstehen Spielräume für die Umsetzung dieser Ideen. Parallel zu eingefahrenen Entscheidungswegen und „Dienstwegen" wird es möglich, gemeinsam nach Lösungen für nachhaltige Innovationen zu suchen (vgl. Fürst 2004, Molitor 2003, 260).

Durch die Loslösung von eingefahrenen Strukturen gelingt es den regionalen Akteuren aus den unterschiedlichen Interessensgruppen Spielräume für neue Ideen und Konzepte zu erschließen. Gerade die regionale Handlungsebene beinhaltet besonders gute Aussichten für eine solche Art informeller Strukturpolitik, weil die Akteure für diese Ebene tendenziell eher bereit sind, Verantwortung zu übernehmen, als für größere Zusammenhänge.

Die zentralen Elemente dieser neuen informellen regional governance Strukturen sind unterschiedliche Formen regionaler Netzwerke (wie Regionalforen, Regionalkonferenzen etc.), sowie so genannte Regionalmanager als operative Einheiten. Zugleich wird von vielen Beobachtern die zentrale Rolle von so genannten Promotoren oder auch Kooperationsbrokern für den Erfolg von regional governance Ansätzen hervorgehoben (vgl. Knickel et al. 2004, 6-7, Lurz 2005, 40, Tischer 2003).

Speziell die ländliche Regional- und Strukturpolitik hat diese regional governance Ansätze in den letzten Jahren stark unterstützt, so z.B. die EU-LEADER Programme oder das deutsche Förderprogramm Regionen aktiv. In jüngerer Zeit sind mehr und mehr Projekte im Bereich Erneuerbare Energien in diesen Programmen gefördert worden, nachdem jahrelang der Schwerpunkt auf der regionalen Lebensmittelproduktion und – vermarktung, dem Holzbereich und dem Tourismus lag. Im Rahmen des Programms Regionen aktiv etwa, wurden in den letzten 2 – 3 Jahren rund 100 Erneuerbare-Energie-Projekte gestartet.

2 Risikoreduktion durch Kooperation

Während sich in der regional governance Diskussion der Kooperationsbegriff eher auf die gesellschaftliche Entwicklung und die Schaffung von Rahmenbedingungen für Innovation bezieht, geht es hier um wirtschaftliche Entscheidungen. So kann z.B. beobachtet werden, dass eines der größeren Hemmnisse für den Durchbruch erneuerbarer Energien Dilemmasituationen, wie die folgenden sind:

- Die Anbieter warten auf eine steigende Nachfrage nach Anlagen für die Nutzung erneuerbarer Energien während die Nachfrager das Fehlen konkreter und attraktiver Angebote beklagen.
- Einzelne Investoren fürchten das Risiko, dass mit einer Investition in Erneuerbare Energien verbunden ist, während sich ein Teil der Risiken durch längerfristige Kooperationen reduzieren ließe.

3. Integrierte Produktpolitik und nachhaltiges Konsumieren

Der Aufbau regionaler Energieinitiativen trifft aktuelle Diskussionen zur stärkeren Verbreitung nachhaltigen Wirtschaftens im Kern. Bislang liefen die wissenschaftlichen Debatten zum Thema ‚Nachhaltiger Konsum' und ‚Nachhaltige bzw. Integrierte Produktpolitik' weitgehend parallel und unabhängig voneinander. Die Konsumforschung beschäftigte sich weitgehend mit dem Handeln des Verbrauchers und zieht ihre Grenzen meistens am Übergang zur Sphäre des Produzenten. Wenn es ein Angebot (für den nachhaltigen Konsum) nicht gibt, spricht man von Machbarkeitsbarrieren, mit der impliziten Behauptung, das sei für Konsumenten nicht zu beeinflussen. Andererseits fanden Überlegungen zur nachhaltigen Produktentwicklung dort ihre Grenzen, wo der Verbraucher nicht bereit war, diese Veränderungen mit zu tragen. Erst in jüngster Zeit beginnt man auch eine verbesserte Kommunikation und Kooperation von Produzenten und Konsumenten jenseits von Werbung und Bestellungen als Potenzial für die Umsetzung eines nachhaltigeren Wirtschaftens zu erkennen und mit entsprechenden Instrumenten zu verstärken (Umweltbundesamt 2002: Nachhaltige Konsummuster, 281ff). Die Verstärkung einer nachhaltigen Produktionsweise und die Förderung eines nachhaltigen Konsumverhaltens werden als ineinander verzahnter Prozess gesehen. Wichtig sind kooperative Instrumente, die beide Sphären verbinden.

Gerade die regionale Handlungsebene bietet viele Potenziale für die Realisierung nachhaltiger Entwicklung einerseits und für die Verzahnung von Konsumenten- und Unternehmenswelt andererseits. Im Zuge dieser Überlegungen entstand der Begriff des Prosumenten: Konsumenten und Produzenten, die aktiv aufeinander zugehen und daran arbeiten, nach Lösungen für nachhaltige Produkte und Dienstleistungen zu suchen, von denen alle profitieren: der Konsument, der Produzent und die Allgemeinheit (etwa durch Einsparung von Ressourcen oder Emissionen).

3. Strukturen und Akteure

3.1. Den Strukturaufbau vorbereiten: Akteursanalyse

Versuchen Sie sich in die potenziellen Kooperationspartner mit ihren Interessen, Motivationen, Sorgen und Ängsten hinein zu versetzen.

Strukturen, von denen in diesem Buch die Rede ist, sind Zusammenschlüsse von Menschen und Institutionen in der Form von Arbeitskreisen oder juristischen Personen, wie Vereinen oder wirtschaftenden Gesellschaften, die in der einen oder anderen Weise tätig werden und darum hier vereinfachend als Akteure bezeichnet werden. Auch einfache strukturelle Elemente, wie Kooperations-, Liefer- oder Pachtverträge, haben mindestens zwei Personen oder Institutionen als Vertragspartner, also Akteure. Darum seien hier die Akteure, die auf regionaler Ebene für die Umstellung auf eine nachhaltige Energieversorgung tätig werden können und damit als Mitglied oder Partner regionaler Erneuerbare-Energie-Initiativen in Frage kommen, näher betrachtet.

Für den Aufbau regionaler Strukturen zur Umstellung auf Erneuerbare Energien ist es wichtig, einen möglichst guten **Überblick über diese möglichen Akteure** zu gewinnen. Dabei ist es hilfreich, sich in einem frühen Stadium folgende Fragen zu beantworten:

- Wer ist bereits „Akteur", d.h. mit der Erneuerbare-Energie-Initiative als Mitglied oder Partner in Kontakt oder unabhängig davon im Bereich der Erneuerbaren Energien oder der Regionalentwicklung tätig?
- Wer kommt darüber hinaus in irgendeiner Weise als Akteur in Frage?
- Was macht der jeweilige Akteur bzw. welche Aufgaben könnte er übernehmen?
- Welche Interessen treiben die jeweiligen Akteure an?
- Was könnte sie zum Engagement für Erneuerbare Energien motivieren?
- Welche Bedenken und Hemmnisse halten sie von einem solchen Engagement ab?
- Welches sind zentrale Akteure, Meinungsführer (aber auch mögliche Blockierer), die man ansprechen und einbinden sollte?
- In welcher Weise sollte der jeweilige Akteur eingebunden werden?

Eine Analyse der möglichen Akteure kann beliebig in die Breite und in die Tiefe gehen. Dafür gibt es eine Reihe erprobter Vorgehensweisen und Methoden. Erfahrungsgemäß **genügt jedoch bereits ein relativ oberflächliches Brainstorming im Kreise einiger weniger Initiatoren**, um sich ein Bild von der Situation und von erfolgversprechenden Ansätzen zur Einbindung wichtiger Akteure machen zu können. Die folgende Liste von möglichen regionalen Akteuren illustriert beispielhaft die Breite der in Frage kommenden Personen und Institutionen und ihre grobe Einteilung in die Kategorien

- Anbieter
- Energieverbraucher und Investoren
- Multiplikatoren und Unterstützer.

Ein und derselbe Akteur kann dabei in mehr als einer Gruppe auftauchen. So können Landwirte sowohl Energieproduzenten als auch -konsumenten sein. In den folgenden Abschnitten werden einige ausgewählte Gruppen möglicher Akteure näher präsentiert.

Anbieterseite:

- Installateure
- Energieversorger
- Netzbetreiber
- Energie- und Facility-Manager
- Landwirte und Waldbesitzer
- Verarbeitende Betriebe land- und forstwirtschaftlicher Produkte
- Industrie
- Handwerker (Elektro, Heizung u.a.)

Energieverbraucher:

- Kommunale Verwaltungen
- Hausbesitzer
- Unternehmen aller Größen und Sektoren
- Landwirte
- Hotels und Restaurants
- Soziale Einrichtungen, Krankenhäuser, Gefängnisse etc.
- Kirchen

Investoren (privat, öffentlich, Unternehmen)

- Bauträger und -firmen
- Wohnungsbaugenossenschaften und -gesellschaften
- Kapitalanleger
- Banken und Versicherungen

Multiplikatoren und Unterstützer:

- Kommunalverwaltungen und Kommunalpolitik
- Stadt- und Raumplaner
- Beratungsunternehmen
- Tourismusorganisationen
- VIPs: Künstler, Sportler etc.
- Vereine und NGOs: Sport, Kultur, Umwelt, Soziales etc.
- Medien: Zeitungen, TV, Radio
- Schulen
- Universitäten
- Öffentlicher Nahverkehr
- Kirchen
- Abgeordnete auf überregionaler Ebene
- Wirtschaftsverbände und -kammern
- Gewerkschaften

3.2. Akteure auf der Anbieterseite

Die wichtigsten regionalen Akteure für Erneuerbare-Energie-Initiativen auf der Anbieterseite sind:

- regionale Handwerksbetriebe und andere klein- und mittelständige Unternehmen, die Energieanlagen vor Ort errichten (Installationsbetriebe, Dachdecker, Zimmereibetriebe etc.),
- Hersteller von Energieanlagen und Handel,
- Architekten und Planer,
- Energieversorgungsunternehmen (z.B. Stadtwerke).

Regionales Handwerk und klein- und mittelständige Unternehmen

Zentraler Antriebsfaktor von (Handwerks-) Unternehmen ist die Sicherung von Arbeit und Einkommen des Unternehmers und seiner Mitarbeiter. Diesem Oberziel dienen strategische Ziele, wie die marktgerechte Ausrichtung des Produktspektrums, die Erarbeitung von Alleinstellungsmerkmalen und eine gute Präsenz am Markt. Untersuchungen zeigen aber auch, dass es insbesondere in Betrieben, die stark von einer Unternehmerpersönlichkeit geprägt sind, zusätzliche Motivationsaspekte gibt, die durch eine **starke Identifikation mit dem eigenen Produkt und der Qualität der geleisteten Arbeit** geprägt sind.

Kleine Unternehmen haben vielfach keine gute Kapitaldecke. Das erschwert den Einstieg in neue Geschäftsfelder, die mit Risiken und Lernaufwand verbunden sind. Dies behindert sowohl die Investition in neues Know-How und Werkzeuge, als auch die Entwicklung neuer Produkte.
Kooperation und Unterstützung im Rahmen einer regionalen Erneuerbare-Energie-Initiative kann Handwerksbetrieben und anderen klein- und mittelständigen Unternehmen helfen, über diese Barrieren hinwegzukommen:

- **Gemeinschaftsmarketing** (z.B. beim Design und Vertrieb von Komplettangeboten „alles aus einer Hand"), dazu gehören z.B. die in Kapitel VI näher beschriebenen „System & Service Pakete",
- **kooperative Entwicklung neuer Produkte**, die von einem Betrieb allein

nicht zu leisten ist (z.B. Wärmedienstleistungen, Contracting-Angebote),
- **Gemeinsame Investition in neues Know-how** (z.B. in Form von Seminaren) und Werkzeuge (z.B. mobile Holzhacker für kooperierende Waldbesitzer) sowie Absicherung solcher Investitionen durch langfristige oder großvolumige Abnahmeverträge,
- **Gewährung von Sonderkonditionen durch regional tätige Banken** und Sparkassen als Gegenleistung für die durch die Kooperation besseren Sicherheiten.

Produzenten und Händler von Anlagen

Die Produzenten und Händler von Solar- und anderen Erneuerbare Energie-Anlagen sind zwei Gruppen auf der Anbieterseite, die sich bereits für Erneuerbare Energien entschieden haben. Ihnen geht es darum, Einkommen im Sektor Erneuerbare Energien zu erzielen und die Marktanteile kontinuierlich zu steigern.

Die zentrale Herausforderung für diese Akteursgruppe liegt derzeit in der Entwicklung eines Nischenmarkts hin zum Massenmarkt. Das verlangt insbesondere Anstrengungen in den Bereichen Marketing (Kommunikation der eigenen Produkte an Endverbraucher, an Zwischenverarbeiter, Installateure usw.), Produktweiterentwicklung und Qualitätssicherung sowie beim zielgenauen Ausbau von Produktions- und Dienstleistungskapazitäten (z.B. Abschätzung des künftigen Bedarfes).

Viele dieser Aufgaben können durch Kooperation und mit Hilfe einer regionalen Erneuerbaren Energie-Initiative gelöst werden:

- Enge Zusammenarbeit mit Verarbeitern und Verbrauchern im Bereich der **Produktweiterentwicklung und Qualitätssicherung**, sofern dies auf regionaler Ebene angegangen werden kann, denn die Nutzer kennen die Schwächen der Produkte am besten,
- Vereinfachung der Kapazitätsplanung durch **kooperative Marktabschätzung** mit den Beteiligten entlang der gesamten Wertschöpfungskette, etwa im Bereich der Nutzung von Waldrestholz,

- **Zusammenarbeit mit der Legislative**, sofern dies auf regionaler Ebene möglich ist. Ein Beispiel dafür ist die zuerst in Barcelona in Kraft getretene Solarverordnung, die den Einbau von Solaranlagen zur Brauchwassererwärmung bei Neu- und Umbauten einer bestimmten Gebäudegröße vorschreibt,
- Beteiligung an branchenweiten **Image- und Werbekampagnen.**

Architekten und Planer

Architekten und Planer verdienen ihren Lebensunterhalt mit der Planung von Gebäuden und Stadtteilen. Ihr primäres Ziel muss die Kundenakzeptanz ihrer Entwürfe sein. Gerade Architekten stellen vielfach hohe Ansprüche an gestalterische Aspekte. Die Einstiegshürden in eine Planung, die auch Erneuerbare Energien berücksichtigt, bestehen vor allem beim Know-how der Planer und Architekten im Hinblick auf technische Möglichkeiten, deren Kosten und der notwendigen Überzeugungsarbeit beim Auftraggeber. Eine auf Dauer angelegte Zusammenarbeit im Rahmen einer regionalen Erneuerbare-Energie-Initiative kann auch bei Planern die Investition in neues Wissen lohnenswerter machen.

Energieversorgungsunternehmen

Energieversorgungsunternehmen (EVU) sind in erster Linie daran interessiert, das Einkommen der Eigner und die Arbeitsplätze ihrer Mitarbeiter zu sichern. Im Zusammenhang mit dem relativ gesichtslosen Produkt „Energie" ist es prinzipiell schwierig, Alleinstellungsmerkmale zu entwickeln, obwohl es Unternehmen gibt, denen es gelungen ist, „gelben" oder „grünen" Strom zu vermarkten. Entscheidend für den Erfolg von EVU sind der möglichst niedrige Einkaufspreis, eine hohe Kundenzufriedenheit sowie möglichst reibungslose Abläufe. Die Interessenslage unterschiedlicher Eigner von EVU kann sich dabei erheblich unterscheiden. Stadtwerke – also im Besitz einer Kommune befindliche EVU – weisen häufig ein anderes Motivationsmuster auf als solche, die im Besitz überregional tätiger Aktiengesellschaften sind.

Zunehmend mehr Energieanbieter reagieren auf die Veränderungen in ihrem Umfeld und weichen die früher oft beobachtete Blockadehaltung gegenüber Erneuerbaren Energien auf. Dafür kann es vielerlei Motivationen geben:

- Die Möglichkeit, das eigene Image zu verbessern und Kunden zu binden. Dies ist insbesondere seit der Liberalisierung der Energiemärkte von Bedeutung.
- Die Überzeugung oder zumindest die Vermutung, dass sich Erneuerbare Energien langfristig durchsetzen werden. Das Unternehmen ist bestrebt, solche Entwicklungen nicht zu verschlafen.
- Veränderung von Rahmenbedingungen (Ökosteuern, Emissionszertifikate).

Solche Überlegungen motivieren vor allem lokal und regional orientierte Energieversorgungsunternehmen, regionale Initiativen im Erneuerbare-Energie-Bereich zu unterstützen.

Zusammenfassend wird deutlich, dass alle genannten Akteursgruppen auf der Anbieterseite von Kooperationen und Netzwerken profitieren können, und zwar im Hinblick auf die folgenden Aspekte:

- Verringerung der Kosten von Marketingaktivitäten,
- Verringerung der Risiken von Markteinstieg, Produktentwicklung und Innovation,
- Erhöhung von Planungssicherheit,
- gemeinsames Eintreten für günstige (gesetzliche und politische) Rahmenbedingungen.

3.3. Akteure auf der Nachfrageseite und Investoren

Das Bewusstsein von Verbrauchern für die Vorteile Erneuerbarer Energien ist teilweise bereits sehr hoch. Nach einer repräsentativen Umfrage im Jahr 2003 sind 64 % der deutschen Bürger der Meinung, dass die Solarenergie gefördert werden sollte. Dieselbe Befragung zeigt allerdings auch, dass nur 21 % der Deutschen bereit sind, zugunsten des Ausbaus Erneuerbarer Energien höhere Preise zu zahlen (Zusammenfassung des Bundespresseamtes der Allensbach-Studie zu Energieversorgung und Energiepolitik. Berlin. November 2003. Download: www.bmu.de). Dieses zeigt, dass auch im Hinblick auf die Einbindung von Energiekonsumenten in regionale Erneuerbare-Energie-Initiativen unterschiedliche Auffassungen und Interessenslagen zu berücksichtigen sind.

Zusätzlich stehen regionale Erneuerbare-Energie-Initiativen auf der Nachfrageseite einem breiten Spektrum unterschiedlicher Akteure gegenüber.

Zu unterscheiden sind generell

- Energiekonsumenten (also Strom- und Wärme- bzw. Brennstoffbezieher), die durch ihre Kauf- bzw. Anbieterentscheidungen die Marktstrukturen beeinflussen,
- Nachfrager, die auch Investoren auf den verschiedensten Ebenen sind, vom Einfamilienhausbesitzer bis hin zum Kraftwerksinvestor.

Die folgenden Akteursgruppen können prinzipiell in beiden Funktionen auftreten:

- Hausbesitzer
- Hausbesitzervereinigungen
- Hausmeister / Facility Manager
- Kommunale Verwaltungen
- Wohnungsbaugenossenschaften
- Baufirmen
- Unternehmen unterschiedlicher Größe und unterschiedlicher Sektoren (vom großen IT-Unternehmen bis hin zu Hotels und Restaurants)
- Landwirte

Wegen dieser starken Überlappung von Energienachfragern und potenziellen Investoren, werden beide Gruppierungen gemeinsam in diesem Abschnitt aufgeführt. Mit zu berücksichtigen sind ergänzend noch die potenziellen Investoren (Banken, Versicherungen, Kapitalanleger, etc.), die nicht von vornherein auch schon als Energienachfrager auftreten.
Diese Akteure unterscheiden sich jedoch deutlich in ihren Vorstellungen und Motiven hinsichtlich der Frage, wie ihre Liegenschaften und Gebäude mit Energie versorgt werden. Während z.B. der private Hausbesitzer vor allem ein Interesse an einer langfristig tragfähigen und ökonomisch sinnvollen Lösung haben wird, liegt das Augenmerk des Facility Managers eher beim Bedienkomfort und einem geringen Wartungsaufwand.

Es ist wichtig, zu erkennen, dass den Akteuren auf der Anbieter- und auf der Nachfrageseite im Rahmen regionaler Erneuerbarer-Energie-Initiativen generell zwei Rollen zukommen.

Energieproduzenten, -verbraucher und Investoren sind immer in zweierlei Hinsicht angesprochen: Als Wirtschaftsakteure und als ideelle Unterstützer. Die Erneuerbare-Energie-Initiative muss für beides eine Plattform bieten.

Neben der Rolle als Abnehmer von Energie, Investoren oder Energieproduzenten kommt den verschiedenen Wirtschaftspartnern eine weitere wichtige Rolle im Rahmen der Erneuerbaren-Energie-Initiativen zu. Man sollte versuchen, möglichst viele von ihnen für eine aktive Mitarbeit an der Verbreitung der Idee der Erneuerbaren-Energie-Versorgung zu gewinnen:

- Sie können sich an Marketing- und Kampagnenaktivitäten beteiligen und so zur kostengünstigen Ausgestaltung der Initiative und weiten Verbreitung der Idee einer Erneuerbaren-Energie-Versorgung beitragen.
- Die Gruppe von potenziellen Abnehmern von Erneuerbaren-Energie-Produkten können durch entsprechendes kooperatives Agieren die Risiken beim Markteinstieg, der Produktentwicklung und der Innovation von Unternehmen reduzieren. Erfahrungen aus dem Lebensmittelbereich zeigen, dass die Existenz einer breiten Unterstützerbasis aus verschiedenen gesellschaftlichen Gruppen für Unternehmen ein gewichtiges Argument ist, in eine nachhaltige Produktionsweise einzusteigen.
- Sie können gemeinsam mit weiteren regionalen Partnern für günstige gesetzliche und politische Rahmenbedingungen eintreten.

Hier geht es für die Erneuerbare-Energie-Initiative insbesondere darum, die Voraussetzungen für wirtschaftlich tragfähige Lösungen zu schaffen. Sie muss für die Marktteilnehmer den richtigen Mix an Information und Beratung zusammen stellen, aber vor allem wirtschaftlich tragfähige Kooperationen vermitteln, z.B. durch die Unterstützung bei der Investorensuche oder bei Unternehmensgründungen.

Gehen Sie Partnerschaften mit Multiplikatoren ein!

Rüsten Sie die Multiplikatoren mit guten Informationen aus!

Treiben Sie die Initiative als gesellschafts-politisches Vorhaben voran!

3.4 Die zentrale Rolle von Multiplikatoren

Eine Erneuerbare-Energie-Initiative existiert nicht im luftleeren Raum. In jeder Region gibt es bereits Verbände, Vereine, Entwicklungs- und Beratungsinitiativen mit ähnlichen Zielstellungen. Es ist eine Hauptaufgabe der Erneuerbare-Energie-Initiative, diese zusammenzuführen und ihre Arbeit im Sinne der angestrebten Ziele zu vernetzen. Dabei ist es unerheblich, ob die Partner fest in die Organisation eingebunden werden oder ob punktuell mit ihnen zusammen gearbeitet wird. Wichtig ist jedoch, dass sich nicht nur die Organisationen und Institutionen sondern vor allem die an ihrer Spitze stehenden Personen als Unterstützer und Fürsprecher positionieren.
Besonders wichtig ist die Zusammenarbeit mit etablierten Einrichtungen, die bereits gute Zugänge zu interessierten Bevölkerungskreisen haben, bei denen man eine grundsätzlich positive Einstellung zum Vorhaben erwarten darf. Zu solchen Einrichtungen zählen beispielsweise:

- Agenda-21-Gruppen,
- Umweltorganisationen,
- Eine-Welt-Gruppen,
- Landjugend,
- kirchliche Verbände,
- Berufsverbände,
- Kammern.

Die Zusammenarbeit mit solchen Einrichtungen hat vielfältig positive Wirkungen. Vor allem helfen sie durch ihre eigene Arbeit mit, das Vorhaben und die Angebote bekannt zu machen. Sie können auch Zugänge zu Menschen schaffen, die das Kern-Team der Erneuerbaren-Energie-Initiative aktiv unterstützen wollen. Wegen der Aufgabenstellung einer Erneuerbaren-Energie-Initiative – Bewusstseinsbildungs-, Bildungs- und Informationsarbeit – sind Kooperationen mit einschlägig tätigen Bildungs- und Beratungseinrichtungen anzustreben. Dazu zählen:

- Volkshochschulen,
- Verbraucherzentralen,
- Bildungszentren,

- Umweltstationen,
- kirchliche Bildungseinrichtungen,
- Schulen,
- Universitäten und Fachhochschulen.

Eine besondere Rolle spielen die Standesvertretungen der Wirtschaft. Sie sollten zentrale Partner der Erneuerbare-Energie-Initiative sein, wenn es um die Bewusstseinsbildungs-, Bildungs- und Informationsarbeit bei ihren Mitgliedern geht. In erster Linie jedoch sind sie die Ansprechpartner bei der Gewinnung von Marktpartnern. Dabei kann der Einfluss eines Innungsmeisters oder Vorsitzenden der Industrie- und Handelskammer nicht hoch genug eingeschätzt werden.

Über die direkt mit dem Thema Erneuerbare Energien befassten Multiplikatoren hinaus verdienen auch Institutionen und Unternehmen Beachtung, bei denen Erneuerbare Energien im Aufgaben- und Geschäftsfeld eine untergeordnete Rolle spielen. Mit dem Thema Erneuerbare Energie können sie die Chance ergreifen, sich als zukunfts-, umwelt- und verantwortungsorientiert zu positionieren. Als gesellschaftlich oder wirtschaftlich wichtige Kräfte der Region können sie der Erneuerbaren-Energie-Initiative in der Öffentlichkeit zu mehr Akzeptanz verhelfen. Sie haben zumeist kein Interesse an einer regelmäßigen Mitarbeit an der Initiative, sondern unterstützen gezielte, öffentlichkeitswirksame Aktivitäten z.B. im Sinne eines Sponsoring. Zu den möglichen Sponsoren und Förderern zählen z.B. Banken, Sparkassen, Bausparkassen, Bauversicherungen sowie weitere wichtige Unternehmen der Region. Häufig ist dabei ein positives Statement des Unternehmers oder Sparkassendirektors genauso viel wert wie eine finanzielle Zuwendung!

Es bietet sich an, auch regional ansässige Prominente als Fürsprecher der Erneuerbaren Energien zu gewinnen. Schauspieler, Musiker, Sportler usw. können dabei je nach Neigung und Zeitbudget unterschiedliche Rollen spielen: vom Schirmherrn über den Werbeträger bis hin zum aktiven Fürsprecher. Besonders große Wirkung erzielen solche VIPs natürlich dann, wenn sie selbst als Nutzer z.B. einer Solaranlage vorangehen.

Beispiel Energie-Gala im Landkreis Fürstenfeldbruck (Deutschland)

100RE.net

Anlässlich der Aufnahme in das Europäische Netzwerk RENET 100 organisierte die EE Initiative ZIEL 21 ein Energie-Forum mit Gala-Diner. Über 100 einflussreiche Persönlichkeiten und Unterstützer der Initiative folgten der Einladung. Neben dem vorzüglichem Essen begeisterte ein Damenchor mit „energie-geladenen Songs aus den 1920er Jahren".

Info unter www.ziel21.de

Für alle genannten Multiplikatoren gilt, dass sie sich von der Erneuerbaren-Energie-Initiative **gute Unterstützung erwarten**:

- Vorgefertigte Mitteilungen an ihre Mitglieder, Partner etc.,
- Präsenz des Kern-Teams bei Versammlungen,
- vorgefertigte Informationsschriften, Faltblätter, Pressemitteilungen, Präsentationshilfen, Schulungsmaterialien etc.,
- Gewinnung bedeutender Persönlichkeiten für ihre Veranstaltungen,
- Textbausteine für Statements und Reden,
- klare Absprachen mit den Medienpartnern bzgl. Ort und Zeit eines Auftritts sowie die angemessene Darstellung in den Medien.

Hier gilt es, ein ausgewogenes Mittelmaß zu finden zwischen maximaler Unterstützung und Freiräumen für Eigeninitiative. Die meisten Multiplikatoren wollen ihr eigenständiges Image behalten und nicht in einer Gemeinschaftsinitiative aufgehen.

Last but not least seien die politischen Multiplikatoren genannt. Der Aufbau regionaler Erneuerbare-Energie-Initiativen wird inzwischen vielfach unabhängig von sonstigen politischen Interessen für positiv erachtet. Dementsprechend dürfte es für eine Erneuerbare-Energie-Initiativen erstrebenswert und kein Problem sein, die Unterstützung von Politikerinnen und Politikern vieler Parteien und Gruppierungen zu erhalten. Allerdings muss auch diese Gruppe entsprechend ihren Bedürfnissen angesprochen und unterstützt werden. Auch wenn auf regionaler oder kommunaler Ebene parteipolitische Interessen häufig in den Hintergrund treten, benötigen Unterstützer aus dem Politikbereich:

- Argumentationshilfen, die es erlauben, die Erneuerbare-Energie-Initiative im Rahmen des Programms ihrer politischen Gruppierung zu verankern,
- die Sicherheit, dass sie nicht im Rahmen einer Erneuerbaren-Energie-Initiative mit dem politischen Gegner konfrontiert werden,
- die Gewissheit, dass ihre Unterstützung auch ausreichend öffentlich dargestellt wird.

Allerdings hat sich gezeigt, dass ein **Heraushalten der Entwicklung aus dem tagespolitischen Geschäft** vorteilhaft ist.

4. Zentrale Elemente einer idealtypischen Struktur für regionale Erneuerbare-Energie-Initiativen

Erneuerbare-Energie-Initiativen haben umfassende und langfristige Ziele. Mit dem Ziel der Deckung des Energiebedarfs aus erneuerbaren Quellen sind wirtschaftliche, ökologische und soziale Aspekte verbunden. Derartige Ziele erfordern einen breiten gesellschaftlichen Konsens in der Region und eine langfristige Herangehensweise. Mittelfristig muss deshalb eine Struktur aufgebaut werden, die in der Lage ist:

- die unterschiedlichen gesellschaftlichen Kräfte hinter dem Ziel der Initiative zu vereinigen,
- die Aktivitäten dauerhaft zu tragen
- und sowohl den wirtschaftlichen als auch den gemeinnützigen Aspekten der Entwicklung Erneuerbarer Energien Rechnung zu tragen.

► Stellen Sie die Initiative durch eine geeignete Struktur auf langfristig gesicherte Beine!

► Verankern Sie in der Struktur sowohl wirtschaftliche als auch gemeinnützige Aspekte!

Die Aufgaben einer solchen **Umsetzungsstruktur** entwickeln sich mit den zunehmenden Aktivitäten zur Umsetzung eines Gesamtkonzepts. Während zu Beginn der Schwerpunkt noch bei der Aktivierung und Koordination von Umsetzungspartnern liegt, treten später in vermehrter Zahl Qualifizierungs-, Marketing- und Finanzierungsaufgaben auf.

Beispiel für eine duale Struktur: fesa e.V. und fesa GmbH in Freiburg

Der Förderverein Energie- und Solaragentur Regio Freiburg e.V. (fesa e.V.) war in vieler Hinsicht Ausgangspunkt der regionalen RE-Entwicklung im Raum Freiburg. Der fesa e.V. wirkt(e) v.a. in den folgenden Bereichen:

- *Entwicklung innovativer Projekte (z.B. Beratung von Investoren und Kommunen, unter anderem durch die Erstellung von Machbarkeitsstudien und Wirtschaftlichkeitsberechnungen);*
- *Öffentlichkeitsarbeit (z.B. Herausgabe des regionalen Magazins "Die Solarregion" (Auflage 30.000), Pressearbeit und Veranstaltungen;*
- *Lobbying (z.B. Einsatz für gute Einspeisebedingungen - bei Stadtwerken, EVU und Land);*
- *Akquisition von Beteiligungskapital für Energieprojekte (Akquise von mehr als 6 Mio. € Eigenkapital von über 700 Kommanditisten, wodurch Investitionen von über 20 Mio. € in Energieanlagen in der Region möglich wurden).*

Den letzteren Aufgabenbereich (Akquise von Beteiligungskapital) hat 2001 die neu gegründete fesa GmbH übernommen. Hauptarbeitsfeld der fesa GmbH ist der Vertrieb von Anteilen an regionalen Bürgerbeteiligungsanlagen zur Produktion von Strom aus Wind und Wasser (andere sollen hinzukommen). Im Auftrag von Anlagenbetreibern erstellt sie Prospekte und Wirtschaftlichkeitsberechnungen, organisiert Öffentlichkeitsarbeit und die Einwerbung von Kommanditisten. Zur Sicherung der Kommanditeinlagen übernimmt sie die Treuhandschaft für eingezahlte Einlagen und kontrolliert die Mittelverwendung.

Info unter: www.fesa.de

Um einen dauerhaften Bestand einer Initiative zu sichern, bedarf es deshalb im Laufe der Entwicklung mehr und mehr auch **wirtschaftlich tragfähiger** Strukturen. Dafür muss die Wirtschaft in der Region gewonnen werden. Während der gesamten Umsetzung des Konzepts treten aber auch Aufgaben auf, die im weitesten Sinne **gemeinnützig** sind - in dem Sinne, dass das Wohlergehen der gesamten Region in ihrer naturräumlichen wie sozio-kulturellen Ausgestaltung im Vordergrund steht. Es gilt also auch vorhandene, ideell orientierte Kräfte einzubinden und zu koordinieren.

Deshalb werden hier die Grundlinien einer **dualen Struktur** vorgestellt, die im Kern aus zwei Elementen besteht:

- einem (möglichst gemeinnützigen) heterogenen Netzwerk zur ideellen Unterstützung der Erneuerbaren-Energie-Initiative und
- einer wirtschaftlich orientierten Firma bzw. einem Firmenverbund.

In den folgenden Abschnitten wird diese duale Struktur näher erläutert. Um ein komplettes Bild der Strukturbestandteile einer regionalen Erneuerbare-Energie-Initiative zu erzeugen, werden außerdem mit dem „Koordinationsbüro" und den so genannten „Kümmerern" zwei weitere zentrale Elemente einer Struktur für Erneuerbare-Energie-Initiativen dargestellt. Mit Bedacht wird hier von einer **idealtypischen Struktur** gesprochen, weil viele erfolgreiche regionale Erneuerbare-Energie-Initiativen in Europa so oder ähnlich aufgestellt sind. Dennoch soll klargestellt werden, dass, abhängig vom Stadium in dem sich die regionale Erneuerbare-Energie-Initiative befindet oder von der Regionsgröße, auch Initiativen Erfolg haben können, die nur Teile dieser Struktur realisiert haben. Die zentralen Elemente der idealtypischen Struktur einer regionalen Erneuerbare-Energie-Initiative sind somit:

Die **ideelle Unterstützerstruktur**, vielfach in Form eines Vereins, der alle an der Umstellung der Region auf eine nachhaltige Energieversorgung interessierten Institutionen und Personen umfasst und vor allem den gesellschaftspolitischen und Aktivierungsaspekt der regionalen Erneuerbaren-Energie-Entwicklung im Blick hat.

Die **wirtschaftlichen Teilstrukturen**, die der Tatsache Rechnung tragen, dass zur Realisierung einer möglichst weitgehenden Versorgung durch Erneuerbare Energien neue Partnerschaften und Kooperationen zwischen den in der Branche „Energie" tätigen Unternehmen (und Verbrauchern) notwendig werden. Hier ist die ganze Palette der möglichen Formen der Zusammenarbeit von der losen Kooperation bis hin zur regionalen „Erneuerbare-Energie-Holding" denkbar. Je weiter die Region in ihrer Energiewende fortschreitet, um so mehr benötigt sie auch die wirtschaftliche Struktur. Beide Teilstrukturen (die ideelle und die wirtschaftliche) ergänzen sich und erfüllen gemeinsam einen möglichst großen Teil der beschriebenen Aufgaben. Nach Möglichkeit nutzen sie dabei den gleichen oder einen ähnlichen Namen und verwenden das gleiche Corporate Design.

Neben dieser **dualen Grundstruktur** ist der Blick noch auf zwei weitere essentielle Elemente einer regionalen Struktur zur Umsetzung einer nachhaltigen Energieversorgung zu richten:

Die operationelle Einheit, meist in Form eines **zentralen Koordinationsbüros** oder einer Geschäftstelle, das je nach Ausstattung für die verschiedenen Aufgaben des Tagesgeschäfts der regionalen Erneuerbaren-Energie-Entwicklung zuständig ist: von der Beratung von Erneuerbare-Energie-Interessierten, über die Durchführung von Events und PR Maßnahmen bis hin zur Vermittlung von Kooperationspartnern.

Der oder die zentrale(n) **Kümmerer**, die mit den Beschäftigten im Koordinationsbüro identisch sein können, aber nicht müssen. Sie kümmern sich in Abgrenzung zum Koordinationsbüro nicht so sehr um das operationelle Tagesgeschäft, sondern um die eher repräsentativen und strategischen Aufgaben im Rahmen der regionalen Erneuerbaren-Energie-Entwicklung. Sie sind vielfach auch die Initiatoren und Vordenker der Initiative.

4.1. Das ideelle Unterstützernetzwerk

Beziehen Sie bereits bestehende Organisationen ins Netzwerk ein.

Versuchen Sie auch, regionale Unternehmer für das Unterstützernetzwerk zu gewinnen.

Stellen Sie sicher, dass das Netzwerk nicht von einer politischen Gruppe dominiert wird.

Alle regionalen Kräfte, die sich hinter die Ziele der Erneuerbaren-Energie-Initiative stellen, sollten in einem gemeinsamen Netzwerk zusammengeschlossen werden. Dieses Netzwerk stellt eine strategische Partnerschaft aller an der Entwicklung der Erneuerbaren Energien interessierten Kräfte der Region dar. Es ist die zentrale Vernetzungs- und Koordinationsstruktur für alle Partner der Erneuerbare-Energie-Initiative.

Mitglieder eines solchen Netzwerkes können Einzelpersonen und Organisationen sein.

Valide Aussagen darüber, ob es zielführender ist, das ideelle Unterstützernetzwerk eher als Netzwerk engagierter Einzelpersonen zu konzipieren oder quasi als „Dachverein" bereits bestehender Institutionen, die sich mit dem Erneuerbare-Energie-Ziel identifizieren, liegen nicht vor. In der Praxis gibt es beide Varianten. Organisationen, die sich für die Integration in ein solches Netzwerk anbieten, sind etwa:

- Kreishandwerkerschaft,
- Gewerkschaften,
- Agenda-21-Gruppen,
- Umweltorganisationen,
- Eine-Welt-Gruppen,
- Berufsverbände,
- Kammern,
- Kommunen.

Denkbar ist auch, in der Region tätige Unternehmen als Mitglieder zu gewinnen. In ihrer Eigenschaft als Mitglieder des Netzwerks sollten sie allerdings vorrangig die regionalen Entwicklungsziele des Vereins verfolgen. Für die Verfolgung ihrer berechtigten wirtschaftlichen Interessen muss die wirtschaftlich orientierte Struktur (s. Kapitel 4.2) Möglichkeiten bieten.

Beispiel für eine ideelle Unterstützerstruktur: Landkreis Fürstenfeldbruck, ZIEL 21

Im Landkreis Fürstenfeldbruck konnte die Energieinitiative ZIEL 21 auf den Erfolgen von BRUCKER LAND aufbauen. Dieser Initiative zur regionalen Lebensmittelversorgung war es gelungen, die Interessensgruppen Landwirtschaft, Handwerk und Handel, Umwelt- und Naturschutz, Verbraucherschaft und Kirchen in einem Netzwerk, einer sogenannten Solidargemeinschaft, zu vereinigen. Diese schafft den Rahmen für eine naturverträgliche Produktionsweise und verbreitet diese Idee aktiv in der Region.

Der Verein ZIEL 21 (Zentrum für Innovative Energien im Landkreis Fürstenfeldbruck) umfasst ein weit verzweigtes Netzwerk von öffentlichen und privaten Institutionen oder Personen. Diese sind in einer dreigliedrigen Struktur aus Mitgliederversammlung, Beirat und Vorstand organisiert.

Der Vereinsvorstand setzt sich aus Vertretern des Landkreises Fürstenfeldbruck, der Solidargemeinschaft BRUCKER LAND (die lokale Regionalvermarktungsinitiative) und der Sparkasse Fürstenfeldbruck zusammen.

Darüber hinaus existieren Arbeitsgruppen (so genannte Innovationskreise) zu unterschiedlichen Themen.

Die Aufgaben, die sich Ziel 21 gestellt hat, sind umfangreich und sollen den jeweiligen Schritten der Energiewende angepasst werden:

- *Public Relations und Bewusstseinsarbeit,*
- *Organisation von Infoveranstaltungen und Ausstellungen,*
- *wirtschaftliche Beratung und Energiekonzepte,*
- *Vernetzung und Verknüpfung ökologischer und ökonomischer Interessen,*
- *Konzepte für Bürgerbeteiligungsanlagen,*
- *Energieeffizienzkonzepte für öffentliche Gebäude,*
- *Koordination der einzelnen Innovationskreise etc.*

Diese Aufgaben werden allerdings nicht nur von Ehrenamtlichen ausgeführt, sondern zu großen Teilen von einer Koordinationsstelle übernommen, die im Landratsamt angesiedelt ist und vom Landkreis grundfinanziert wird.

Info unter www.ziel21.de und www.bruckerland.info.

Das Aufgabenspektrum des ideellen Unterstützernetzwerks umfasst alle Aspekte der regionalen Erneuerbare-Energie-Entwicklung, die den gesellschaftspolitischen und eher gemeinnützigen Bereich betreffen:

- **Strategische Diskussionen** und Entscheidungen hinsichtlich der regionalen Energiewende z.B. im Rahmen eines regionalen Energiekonzeptes (vgl. Kapitel II),
- **Gewinnung einer breiten Allianz von Unterstützern** aus den verschiedensten gesellschaftlichen Bereichen der Region,

Beispiel für ein eher personenorientiertes Unterstützernetzwerk: Sonne für alle (SoFA e.V.) Bad Wimpfen, Deutschland

Der SoFA e.V. arbeitet auf kommunaler Ebene in der baden-württembergischen Stadt Bad Wimpfen. Der Verein wird von Privatpersonen getragen und erfüllt derzeit folgende Aufgaben:

- *Information der Bürger über Solarenergie,*
- *Organisation vereinseigener Photovoltaik-Anlagen auf Basis von Spenden und Mitgliedsbeiträgen,*
- *Organisation von Sammelbestellungen für Besitzer von Dachflächen (zum Erzielen besserer Preise),*
- *Organisation und Verwaltung von Gemeinschaftsanlagen für Interessierte, die keine eigenen Dachflächen besitzen, deren Dachflächen zu klein sind und die nur kleinere oder aber sehr große Investitionen tätigen wollen.*

Info unter: www.sonnefueralle.de

- Aktivitäten der allgemeinen **Öffentlichkeits- und Bewusstseinsarbeit** für Erneuerbare Energien (d.h. keine Werbung für einzelne Produkte und Unternehmen, sondern Argumentation für die Notwendigkeit Erneuerbarer Energien im Allgemeinen). So ist es beispielsweise möglich, unter Einbindung ehrenamtlicher Kräfte aus dem Kreis des Unterstützernetzwerks Messeauftritte, Energie-Aktionstage etc. relativ kostengünstig durchzuführen.
- Das Unterstützernetzwerk bildet darüber hinaus einen hervorragenden Ausgangspunkt, wenn es beispielsweise um die Gewinnung von Kapitalgebern für Investitionen in größere Erneuerbare-Energie-Projekte geht (z.B. Bürgerbeteiligungsanlagen).

Beispiel für ein eher personenorientiertes Unterstützernetzwerk: Energiepark Bruck an der Leitha, Österreich

Bruck an der Leitha, liegt im Dreiländereck Slowakei-Ungarn-Österreich. Eine Gruppe von Privatpersonen rund um den Umweltstadtrat der Stadtgemeinde Bruck an der Leitha gründete im August 1995 den Verein zur Förderung Erneuerbarer Energien, den „Energiepark Bruck an der Leitha". Dieser finanziert sich durch Mitgliedsbeiträge, Förderungen und Projekte.

Der vorerst nur durch ehrenamtliche Tätigkeit geführte Verein konnte bis heute zu einem richtigen Bürobetrieb ausgebaut werden. Das gesamte Büro umfasst 2005 neun Angestellte und mehrere ehrenamtlich tätige Mitarbeiter. Ständig werden neue Mitglieder für den Verein gesucht. Es gibt aktive und Fördermitglieder. Dabei werden sowohl Privatpersonen als auch Unternehmen angesprochen. Heute hat der Verein ca. 30 Mitglieder, darunter auch die Stadtgemeinde Bruck an der Leitha.

Der Verein übernimmt zwei Aufgabenbereiche

- *Kompetenzzentrum für Umwelt- und Energiefragen mit Aufgaben wie Information und Beratung, Aus- und Weiterbildung, Konzepterstellung, Projektumsetzung und –betreuung, Öffentlichkeitsarbeit usw.*
- *Innovationszentrum und Entwicklungsmotor: Projektvorbereitung und umsetzungsorientierte Projektbegleitung wie für bereits umgesetzte Projekte*

Info unter: www.energiepark-bruck.at

Das Netzwerk übernimmt einen Großteil der Aufgaben aus den Bereichen Vernetzung und Koordination sowie Bewusstseinsbildung und Aktivierung, wie sie in Kap. V und VI dargestellt werden. Da diese Tätigkeiten weitgehend dem gemeinnützigen Bereich zuzuordnen sind, sollte das Netzwerk als gemeinnützige Institution (z.B. als gemeinnütziger Verein) etabliert werden. Dies ergibt sich sowohl aus der Zielsetzung („Förderung der Entwicklung der Erneuerbaren Energien in der Region") als auch aus den daraus resultierenden Finanzierungsmöglichkeiten (z.B. Spenden, unentgeltliche Beiträge der Mitglieder gegen Spendenbescheinigung).

Der Vorstand dieser Organisation sollte dabei so neutral wie möglich sein. Er kann sich beispielsweise aus dem Kreis der Kümmerer (s. Kap. 4.4) rekrutieren.

Weitere Hinweise zum Vorgehen beim Aufbau der regionalen Partnerschaft und zur Gewinnung möglicher Mitglieder und Unterstützer finden Sie in Kapitel II.

Beispiel für ein eher institutionenorientiertes Unterstützernetzwerk: Renewable Energy Organisation on Ærø (VE-Organisation Ærø), Dänemark

Die Erneuerbare-Energie-Entwicklung auf der dänischen Insel Ærø hat bereits eine lange Geschichte. Nachdem eine Initiative von Einzelpersonen in den 1980er Jahren scheiterte, wurde das Thema Mitte der 1990er Jahre neu und professioneller erneut aufgegriffen: Im Zuge der Renewable Energy Island Initiative der Dänischen Regierung wurde 1997 die Renewable Energy Organisation on Ærø (VE-Organisation Ærø) gegründet. Sie wurde als Forum zur Aktivierung und Unterstützung der Umstellung der Energieversorgung von Ærø auf Erneuerbare Energien etabliert. Folgende Organisationen sind in der Renewable Energy Organisation Ærø vertreten:

- *Die Bürgermeister und weitere Vertreter der Inselgemeinden,*
- *Vertreter lokaler Energieversorgungsunternehmen,*
- *Bauernverband,*
- *Energie- und Umweltagentur,*
- *Tourismusbüro,*
- *Industrie- und Handelskammer.*

Die VE-Organisation Ærø hat einen Koordinator angestellt, der von den beiden Kommunen finanziell unterstützt wird. Die VE-Organisation Ærø hat folgende Aufgaben:

- *Initiierung und Konzeption für neue Erneuerbare-Energie-Projekte,*
- *Unterstützung bestehender Erneuerbare-Energie-Projekte,*
- *Koordinierung der Erneuerbare-Energie-Aktivitäten auf der Insel.*

Info unter: www.aeroe-ve.dk

4.2. Strukturen für wirtschaftlichen Aktivitäten

Prüfen Sie die Optionen für eine engere Zusammenarbeit der Erneuerbare-Energie-Unternehmen in der Region.

Informieren Sie die regionalen Unternehmen über die Vorzüge von Kooperation.

Für Aufgaben wie Marketing und Vertrieb, sowie Finanzierung und Betrieb von Anlagen, werden wirtschaftlich orientierte Strukturen benötigt. Wie das im letzten Abschnitt beschriebene Netzwerk, müssen auch diese wirtschaftlich orientierten Teilstrukturen einer regionalen Erneuerbare–Energie-Initiative deren Kernziele verfolgen. Im Unterschied zum Unterstützernetzwerk steht hier allerdings der wirtschaftliche Erfolg der beteiligten Unternehmen bzw. deren Gesellschafter im Vordergrund.

Die wirtschaftlich orientierten Aufgaben einer Erneuerbare-Energie-Initiative sind, wie die eher gemeinnützigen auch, sehr umfassend und vielschichtig:

- **Beratung, Marketing:** z.B. Qualifizierungsangebote oder Agenturarbeiten (z.B. Erstellung von Prospekten und Wirtschaftlichkeitsberechnungen im Auftrag von Anlagenbetreibern),
- **Investition, Finanzierung:** Einwerbung von Anlegern z.B. im Rahmen von Bürgerbeteiligungsanlagen,
- **Planung und Betrieb** von Anlagen.

Grundsätzlich ist es möglich, all diese Aktivitäten in eigenständigen Gesellschaften und Firmen auszuführen.

Es gibt jedoch eine Reihe von Gründen für eine enge Verzahnung dieser Aktivitäten.

Nutzung von Synergieeffekten

Im Rahmen einer regionalen Erneuerbare-Energie-Initiative fallen eine Reihe von Tätigkeiten und Leistungen an, die in der Region tätige Firmen evtl. nicht erbringen können oder die aus strategischen Gründen von einer übergeordneten Organisation erbracht werden sollten. Dazu gehören insbesondere Aufgaben im Bereich der Beratung und der Fortbildung.

Erhöhung der Schlagkraft und der Präsenz in der Öffentlichkeit

Im Rahmen eines zusammenhängenden regionalen Erneuerbare-Energie-Prozesses muss die Partnerschaft ein Interesse haben, dass möglichst weite Teile der Initiative

- die gleichen gemeinsamen Ziele kommunizieren,
- einen gemeinsamen Außenauftritt haben,
- gemeinsam am Ziel der Entwicklung Erneuerbarer Energien in der Region arbeiten und sich nach Kräften gegenseitig unterstützen.

Je sichtbarer und je geschlossener die Initiative auftritt, um so leichter dürfte es ihr fallen, Bürger und Unternehmen davon zu überzeugen, Kapital für Erneuerbare Energien in der Region zu investieren, anstatt es in den anonymen Kanälen globaler Fonds verschwinden zu lassen.

Regionale Wirtschaftsförderung

Nicht zuletzt geht es bei den Aufgaben einer Erneuerbare-Energie-Initiative um das Zusammenfügen von technischen Projekten, Beratung und Qualifizierung etc. zu einem **strategisch miteinander verbundenen Ganzen**. Das Warten auf die Kräfte des freien Marktes kann hier zu Verzögerungen von mehreren Jahren bis Jahrzehnten führen. Dies wurde in der Wirtschaftsförderung in anderen Bereichen längst erkannt und darum fördert diese gezielt das Zusammenwachsen der verschiedenen Elemente und Kernaktivitäten zur Entwicklung bestimmter Sektoren (so genannte Clusterförderung).

Aus diesen Gründen sollten stets auch die Möglichkeiten einer gegenseitigen Verzahnung der Gesellschaften und die Möglichkeiten zur Zusammenarbeit mit der parallel existierenden, ideell orientierten Netzwerkstruktur geprüft werden. Die möglichen Gesellschaftsformen und rechtlichen Konstruktionen sind vielfältig und sollten je nach regionaler Situation und Prioritätensetzung spezifisch entwickelt werden.

Bei der Konzeption einer solchen wirtschaftlichen Teilstruktur sind der Phantasie keine Grenzen gesetzt. **Vom lockeren Zusammenschluss von Einzelfirmen bis hin zur regionalen Erneuerbare Energie Holding sind alle Spielarten denkbar.**

Anhand einiger Beispiele werden im Folgenden unterschiedliche Konstruktionen und verschiedene der Verzahnung demonstriert:

Beispiel SoFA e.V
Bad Wimpfen (Deutschland)

Der oben bereits vorgestellte SoFA e.V fungiert beispielsweise in Bad Wimpfen als Unterstützernetzwerk. Von dort aus werden für den Betrieb von Bürgersolaranlagen einzelne Firmen (Gesellschaften bürgerlichen Rechts, die sogenannten Bürger SoFA CbRs) gegründet. Der SoFA e.V. ist vor allem in der Anfangsphase sehr eng mit der Entwicklung dieser Unternehmen verbunden, da er z.B. die Öffentlichkeitsarbeit für die Investorengewinnung übernimmt.

Info unter: www.sonnefueralle.de

Beispiel Bioenergieregion Mureck
(Steiermark, Österreich)

Im Rahmen der Bioenergieregion Mureck haben sich drei rechtlich voneinander unabhängige Unternehmen – die Biodiesel-Herstellungsgenossenschaft SEEC, die Nahwärme Mureck und die Ökostrom Mureck unter eine gemeinsame Dachmarke begeben, um auf diese Weise in und außerhalb der Region sichtbarer und schlagkräftiger zu sein. Sie vermarkten sich selbst als die Standbeine des Murecker Energiekreislaufs, die eine Vollversorgung der Region mit Strom, Wärme und Kraftstoff gewährleisten.

Info unter: www.seeg.at

Beispiel Initiative solarcomplex in der Region Hegau/ Bodensee (Deutschland)

Einen sehr ökonomisch orientierten Ansatz hat die Initiative solarcomplex in der Region Hegau/ Bodensee (Deutschland) gewählt. Die komplette Initiative ist als Unternehmen (GmbH) organisiert. Sie hat für eine GmbH ungewöhnlich viele Teilhaber. Zum Jahresanfang 2006 wurde solarcomplex von 186 Gesellschaftern aus der gesamten Region Westlicher Bodensee mit einem gezeichneten Stammkapital von rund 1 Mio. Euro getragen. Neben vielen Privatpersonen sind auch zahlreiche kleine und mittlere Unternehmen sowie Kommunalpolitiker, Energieingenieure, Handwerker und Wissenschaftler beteiligt. Die Mindestbeteiligung ist ein Stammanteil, er entspricht 2.500 Euro. Einzelne Projekte werden in Tochtergesellschaften (GmbH&Co KCs) abgewickelt. Die Interessen der Gesellschafter werden zwischen den Gesellschafterversammlungen durch einen 3-köpfigen Aufsichtsrat vertreten, der die Geschäftsführung berät und bei wichtigen Entscheidungen mitwirkt. Die Strategie und die Projektarbeit von solarcomplex werden von einem ebenfalls 3-köpfigen und hochrangig besetzten wissenschaftlichen Beirat begleitet, der eine beratende Funktion für die Geschäftsführung einnimmt. Die beiden Geschäftsführer projektieren (Organisation der Planung, des Baus und der Finanzierung) und betreiben über 50 vorwiegend kleinere PV und andere RE Anlagen.

Dabei hat solarcomplex neben den Gewinnerzielungsabsichten für seine Gesellschafter auch Regionalentwicklungsziele. solarcomplex kommuniziert offensiv das Ziel, bis 2030 den Umbau der regionalen Energieversorgung auf heimische Erneuerbare Energien zu realisieren. Im Zusammenhang mit solarcomplex kann man also getrost von einer regionalen Erneuerbaren Energie Holding sprechen. Im Vergleich mit vielen anderen regionalen Energieinitiativen ist bei solarcomplex der Investitionsaspekt sehr stark betont. Aktivitäten, die in anderen Erneuerbare-Energie-Initiativen vielfach den Schwerpunkt bilden, wie die Beratung von Energiekonsumenten oder Aus- und Weiterbildung, fallen dahinter zurück.

Info unter: www.solarcomplex.de

Quelle Graphik: www.solarcomplex.de/strategie/unternehmensstruktur.htm

Beispiel Europäisches Zentrum für Erneuerbare Energie Güssing GmbH (EEE) (Burgenland, Österreich):

Ein gutes Beispiel für den dualen Ansatz ist das Europäische Zentrum für Erneuerbare Energie Güssing GmbH (EEE). Das EEE wurde 1996 als Verein (Non-Profit-Organisation) gegründet. Damals setzte man sich im Verein EEE das Ziel, Güssing zu einem Mekka der Erneuerbaren Energie zu verwandeln. Nicht ganz 10 Jahre später kann man in der 2002 gegründeten EEE GmbH, bei der der Verein EEE 100% der Gesellschaftsanteile trägt, eine positive Bilanz ziehen. Güssing wurde in den letzten Jahren nicht nur zur umweltfreundlichsten Stadt Österreichs (Umfrage der Verlagsgruppe News) sondern kürzlich auch zur innovativsten Gemeinde Österreichs (Wettbewerb des Wirtschaftsblatts) gekürt.

Der Schwerpunkt des Zentrums liegt in der Begleitung und Betreuung von vielen regionalen Demonstrationsanlagen, der Forschung und Entwicklung, der Energieberatung, im Dienstleistungsbereich sowie im Ökoenergietourismus. Um die Ergebnisse und Erfahrungen aus dem Bereich der Erneuerbaren Energie auch weitergeben zu können, wurde einerseits ein Netzwerk aus regionalen, nationalen als auch internationalen Partnern ins Leben gerufen, andererseits beteiligt sich das EEE mit seinen 14 Mitarbeitern aktiv an verschiedenen nationalen und internationalen Projekten.

Damit liegt der Schwerpunkt der EEE GmbH auf eher weichen Maßnahmen, wie F&E, Beratung und Öffentlichkeitsarbeit. Investitionen in Energieanlagen werden von weiteren Unternehmen in der Region getätigt, die teilweise auch wieder mit dem EEE verbunden sind.

Info unter: www.eee-info.net.

4.3. Koordinationsstelle

Das Aufgabenspektrum regionaler Erneuerbare-Energie-Initiativen erreicht sehr schnell einen Umfang, der mit ehrenamtlicher Arbeit allein, etwa aus dem Unterstützernetzwerk heraus, nicht mehr zu bewältigen ist. Deshalb versuchen die meisten regionalen Erneuerbare-Energie-Initiativen möglichst bald die Voraussetzungen für den Einsatz professionellen Personals zu schaffen. Für die Erfüllung von Funktionen, die mit einem höheren Aufwand verbunden sind und teilweise hohe fachliche Qualifikationen erfordern, ist es sinnvoll, eine zentrale Stelle einzurichten. Je nach Ausstattung und Besetzung dieser Koordinationsstellen lassen sich in der Praxis folgende Aufgabenbereiche feststellen:

Koordinierung	Strukturierung und Moderation des Gesamtprozesses; Kommunikation und Koordinierung zwischen Entscheidungs- und Arbeitsebene, zwischen verschiedenen Teilprojekten, zwischen verschiedenen Interessensgruppen.
Konzeption	Zuständigkeit für die Zusammenstellung des regionalen Erneuerbare-Energie-Entwicklungskonzeptes (Analysen, Berechnungen etc.); Durchführung von Pilot- und Machbarkeitsstudien.
Informations- und Öffentlichkeitsarbeit	Zentrale Anlaufstelle für alle, die Informationen zu Erneuerbaren Energien suchen; Organisation von Veranstaltungen, Seminaren, Fortbildungsaktivitäten, Pressearbeit usw.
Netzwerkentwicklung	Entwicklung und Pflege des Unterstützernetzwerks.
Beratung	Beratung von Privatpersonen, Unternehmen und Kommunen (Energieanalysen, -konzepte); Organisation von Fort- und Weiterbildungsangeboten für die verschiedenen Zielgruppen; Vermittlung von Experten; Vermittlung von Kooperationspartnern.
Projektentwicklung und -umsetzung	Planung und Projektmanagement für Erneuerbare-Energie-Anlagen; Gewinnung von Investoren; Teilweise Unterstützung von Forschungsaktivitäten; Partnervermittlung für Kooperationen im Erneuerbare Energie Bereich.
Kosten- und Finanzmanagement	Verwaltung der Mittel des regionalen Netzwerks; Akquisition von Fördermitteln, Verwaltung und Vergabe von regionalen Fördertöpfen.
Controlling und Evaluierung	Monitoring des Gesamtprozesses; Auswertung einzelner Projekte.

Anforderungsprofil für Mitarbeiter einer Koordinationsstelle
Generelle Erfahrungen und Kenntnisse

- breites energietechnisches und regionalwirtschaftliches Grundlagenwissen
- Fähigkeit zur Problemanalyse
- spezifische Kenntnis der beratungssuchenden Akteure/ Institutionen und ihres Umfeldes
- Interdisziplinäres Denken und Arbeiten
- Die Fähigkeit, Umsetzungsstrategien für unterschiedliche Anwendungsfelder zu entwickeln und zu ihrer Umsetzung beizutragen (strategische Kompetenz)

Soziale Kompetenzen

- Organisation von Kommunikations-, Informations- und Kooperationsprozessen (Moderation, rhetorische Begabung)
- Konfliktmanagement
- Fähigkeit, durch Öffentlichkeitsarbeit und Weiterbildungsangebote Unterstützung zu gewinnen und Entscheidungsträger zu überzeugen
- Kenntnis der regionalen Gegebenheiten und Kultur
- Kontakte in der Region zu unterschiedlichen Akteursgruppen

Fachkenntnisse und praktische Erfahrungen in

- Projektplanung und –durchführung
- Öffentlichkeitsarbeit
- Institutionenkunde (je nach voraussichtlichem Schwerpunkt der Arbeit): Gewerbe, Industrie, Handel, Handwerk
- Arbeiten mit PC (Textverarbeitung, Grafikprogramm u.a.m.)
- Risikobereitschaft bzw. Fähigkeit, Visionen zu entwickeln

Quelle: Lindloff/ Schneider 2001

Diese Liste macht deutlich, dass an die Mitarbeiter solcher Koordinationsstellen sehr hohe fachliche und menschliche Anforderungen gestellt werden (s. Kasten). Je nach Focus und tatsächlich vorgesehenem Aufgabenspektrum ist ein interdisziplinäres Team aus eher sozialwissenschaftlich-pädagogisch ausgerichteten Mitarbeitern, Betriebswirten und Ingenieuren zusammenzustellen.

Die möglichen Organisationsformen solcher Koordinationsstellen sind ebenfalls sehr vielfältig.

In vielen Regionen Europas wurden bereits speziell auf die Förderung Erneuerbarer Energien ausgerichtete Koordinationsstellen - so genannte Energieagenturen – eingerichtet. Das Spektrum reicht hier von kleinen Ein-Personen-Büros bis hin zu großen schlagkräftigen Organisationen mit einer soliden finanziellen Ausstattung.

Darüber hinaus gibt es eine Reihe von Beispielen, wo das Thema Erneuerbare Energien von einer bereits bestehenden regionalen Entwicklungsagentur (Regionalmanagement) aufgegriffen wurde. Zu den bereits bestehenden Arbeitsbereichen bzw. Abteilungen (wie regionale Lebensmittelversorgung oder Tourismus) wurde ein Bereich Erneuerbare Energie aufgenommen.

Beispiel: solid, Solarenergie Informations- und Demonstrationszentrum im Ballungsraum Erlangen/ Nürnberg/ Fürth

solid ist das Solarenergie-Informations- und Demonstrationszentrum in Fürth und arbeitet mit 6 Mitarbeitern in den Bereichen Beratung, Öffentlichkeitsarbeit, Aus- und Weiterbildung. Die gemeinnützige GmbH wird von den kommunalem Energieversorgungsunternehmen der Städte Erlangen, Nürnberg, Fürth und Schwabach getragen.

Die Agentur sagt über den Erfolg ihrer Arbeit: In ca. 50 km Umkreis entstand seither das dichteste Netz von Installations- und Handelsfirmen für umweltverträgliche Energie- und Energiesparsysteme deutschlandweit.

Info unter: www.solid.de

Hier kann auf bereits bestehende regionale Netzwerke und Kontakte zurückgegriffen werden, (REGINA Oberpfalz, rEnergO Odenwald).

Auch die Trägerschaft der bereits existierenden Koordinationsstellen ist äußerst vielfältig. Grundsätzlich bestehen folgende Möglichkeiten:

- Trägerschaft durch das ideelle Unterstützernetzwerk als gemeinnützige Einrichtung, (z.B. Geschäftstelle eines Vereins),
- Trägerschaft durch das ideelle Unterstützernetzwerk als Geschäftsbetrieb,
- Trägerschaft durch die öffentliche Hand, eingegliedert in den Verwaltungsaufbau (**Praktiker und Regionalmanagementexperten warnen allerdings immer wieder vor der Eingliederung in den Verwaltungsaufbau**, da hier die Flexibilität erheblich eingeschränkt wird),

100RE.net

Beispiel: Energiesparverband Oberösterreich

Der O.Ö. Energiesparverband ist eine finanziell solide ausgestattete Energieagentur. Er ist eine Einrichtung des Landes Oberösterreich und die zentrale Anlaufstelle für unabhängige Energieinformation in Oberösterreich. Er fördert den effizienten und umweltschonenden Energieeinsatz. Er unterstützt die Verwendung neuer Energietechnologien, insbesondere im Zusammenhang mit der Nutzung heimischer, erneuerbarer Energieträger und ist verantwortlich für das Cluster-Management des OEC - Ökoenergie-Cluster Oberösterreich. Zu seinen Angeboten und Arbeitsbereichen zählen u.a.:

- *Energieberatung*
- *Verbreitung von Energieinformation/Public Awareness*
- *Aktivitäten in und mit Gemeinden/Bezirken*
- *Energiekonzepte*
- *Aus- und Weiterbildung*
- *Energie-Contracting*
- *Fachliche Unterstützung für Politik und die öffentliche Verwaltung.*

Info unter: www.esv.or.at

- Trägerschaft durch die öffentliche Hand mit Stabstellenfunktion,
- eigenständige Organisation mit privatrechtlicher Rechtsform im (vorwiegenden) Besitz der Öffentlichen Hand.

Beispiel: RenergO (Region Odenwald, Hessen, Deutschland):

Als Tochter der Wirtschaftsförderungs- und Regionalmanagementagentur Odenwald-Regional-Gesellschaft mbH wurde 2002 die Gesellschaft zur Förderung, Gewinnung und Nutzung regenerativer Energien mbH (RenergO) gegründet. Diese bislang in Europa noch relativ seltene – wenn nicht gar einzigartige – Konstruktion für eine Energieagentur bringt den engen Bezug zwischen regionaler Wirtschaftsentwicklung und Erneuerbaren Energien sehr deutlich zu Ausdruck. Die RenergO arbeitet mit dem Slogan $eE = rW^2$, was soviel bedeutet, wie: Erneuerbare Energien = regionale Wirtschaftsförderung hoch 2. Die Agentur ist in den Bereichen Beratung, Öffentlichkeitsarbeit, Projektentwicklung usw. tätig. Sie entwickelt ein Bioenergie-Cluster und ein Kompetenzzentrum „Biomasse-Technologie Odenwald".

Info unter: www.renergo.de

In Ratgebern für eine nachhaltige Regionalentwicklung wird stets hervorgehoben, dass bei regionalen Koordinationsstellen eine flexible und unbürokratische Arbeitsweise gewährleistet sein muss (flache Hierarchien, flexible Arbeitszeiten). Außerdem dürfen durch die Organisationsform und die Trägerschaft die Querschnittsorientierung und die intermediäre Position der Koordinationsstelle als Vermittler zwischen öffentlichen und privaten, lokalen und regionalen Akteuren sowie zwischen verschiedenen Sektoren und Interessensgruppen (z.B. Umwelt und Wirtschaft) nicht blockiert werden.

Die Finanzierungsmodelle für regionale Koordinationsstellen, Energieagenturen oder Regionalmanagements sind vielfältig und setzen sich zumeist aus unterschiedlichen Finanzquellen zusammen.

Zu beobachten sind sowohl im Bereich der Energieagenturen als auch im Bereich des Regionalmanagements **vielfach Einrichtungen, die von öffentlichen Stellen (z.B. den Kommunen der Region) grundfinanziert werden** und darüber hinaus Projektmittel aus übergeordneten Förderprogrammen generieren.

Beispiel: Regionale Innovationsagentur RECINA Neumarkt (Bayern, Deutschland):

Im Landkreis Neumarkt hat sich seit 1997 die Regionalmanagementagentur RECINA etabliert, die im Laufe der Jahre mehr und mehr Aufgabenbereiche hinzugewonnen hat. So gehören neben der Regionalvermarktung von Lebensmitteln, der Tourismus- und Wirtschaftsförderung auch die Erneuerbaren Energien zu den Geschäftsbereichen der Agentur. Die 5 Mitarbeiter kümmerten sich dabei zunächst um den Netzwerkaufbau und die Etablierung des Themas Erneuerbare Energien im Landkreis. Inzwischen hat sich mit dem „Energiebüro" eine auf Erneuerbare Energien spezialisierte Institution im Kreis etabliert.

Info unter: www.regina-nm.de

Solche Mittel gibt es sowohl im Feld der Erneuerbaren Energien als auch im Bereich der nachhaltigen Regionalentwicklung. Prinzipiell kommen die folgenden Finanzierungsinstrumente für regionale Koordinationsstellen in Frage:

Instrumente	Anwendungsbeispiel
Beiträge von Mitgliedern	Festbeträge für Kommunen, Institutionen, Kammern und Verbände
Kommunale Umlagen	z.B. auf Einwohnerzahlen bezogene Umlagen
Umsätze aus Dienstleistungen	Beratungshonorare Erfolgshonorare, z.B. bei Fördermittelakquisition Entgelte für Studien, Recherchen, Projektmanagementleistungen usw.
Umlage von projektbezogenen Kosten	Honorare für Projektmanagement und -begleitung
Lizenzgebühren	Marken-Nutzungsgebühren, z.B. für eine regionale Dachmarke
Sponsoring	Konkrete projektbezogene Unterstützung von regionalen Unternehmen oder Verbänden
Arbeitsmarktförderung	z.B. für Arbeitsbeschaffungsmaßnahmen
Öffentliche Fördermittel	EU, Bund, Länder etc.

Quelle: StMLU 2003

4.4. Die „Kümmerer"

Entwicklungen sind nur so stark, wie die Menschen, die sie vorantreiben. Dies gilt auch für Erneuerbare-Energie-Initiativen. Sie bedürfen der Unterstützung sehr vieler aktiver und engagierter Partner mit unterschiedlichstem Erfahrungshintergrund und differenzierter Interessenlage. Diese Partner gilt es zu finden, zu motivieren und zu unterstützen.

Bei allen Untersuchungen zu erfolgreichen Regionalentwicklungsinitiativen zeigt sich immer wieder, dass eine sehr enge Kerngruppe (zwei bis fünf Menschen, in seltenen Fällen auch Einzelpersonen) von überdurchschnittlich Engagierten die Entwicklung wesentlich vorantreibt und zusammenhält. Dieses Kernteam ist vielfach identisch mit den ursprünglichen Initiatoren, die, lange bevor sich ein weitläufigeres Unterstützernetzwerk gebildet hat oder Personen berufsmäßig etwa in der Koordinationsstelle eingebunden werden, die Idee geboren und erste Aktivitäten entwickelt haben.

Mitglieder des Kernteams brauchen vielfältige Qualifikationen:

- Kommunikations-, Kooperations- und Konfliktlösungskompetenz,
- Risikobereitschaft und Motivationsfähigkeit,
- Offenheit für unkonventionelle Lösungen,
- Durchsetzungsfähigkeit und Charisma,
- Erfahrungen sowohl im wirtschaftlichen als auch im ideellen Bereich.

Bemerkenswert ist darüber hinaus, dass es sich bei Menschen, die sich auf diese Art für die nachhaltige Entwicklung ihrer Region einsetzen, meist um so genannte **Überzeugungstäter** handelt. Nur äußerst selten engagieren sie sich (ausschließlich) aufgrund von finanziellen Erwägungen.

Weitaus wichtiger dürften u.a. folgende Anreize sein:

- Möglichkeit, die eigenen Talente zur aktiven Gestaltung des eigenen Lebensumfeldes einzusetzen,

- Aussicht auf ein erfolgreiches Agieren zusammen mit qualifizierten Gleichgesinnten,
- Erledigung von Standardaufgaben bzw. Bereitstellung von Arbeitshilfen durch ein funktionsfähiges Organisationsteam,
- Herausstellung der Bedeutung des Tuns durch Verantwortliche des öffentlichen Lebens.

In Abgrenzung etwa zur im letzten Abschnitt beschriebenen Koordinationsstelle liegt der Schwerpunkt der Tätigkeiten der „Kümmerer" nicht so sehr im Bereich des operationellen Tagesgeschäfts, sondern umfasst Tätigkeiten, wie

- Vorbereitung strategischer Weichenstellungen innerhalb der regionalen Erneuerbare-Energie-Initiative,
- Initiierung und Vorantreiben von Projektideen bis zur Durchführungsreife,
- Repräsentationsaufgaben bei der Öffentlichkeits- und Motivationsarbeit,
- Gewinnung von Unterstützern,
- Kooperationsvermittlung.

Die „Kümmerer" tragen gerade in der Anfangsphase eine hohe Verantwortung für die Geschicke der regionalen Erneuerbaren-Energie-Initiative. So kann beispielsweise ein plötzlicher Rückzug dieser Personen zum totalen Zusammenbruch der Initiative führen. Schon aus diesem Grunde **empfiehlt sich ein möglichst schnelles Verteilen der Verantwortung auf mehrere Schultern.**

Darüber hinaus ist es in diesem Feld schwierig, Empfehlungen im Rahmen eines Leitfadens zu geben. Für die Verantwortlichen im Rahmen regionaler Erneuerbarer-Energie-Prozesse ist es aber von entscheidender Bedeutung, die verschiedenen Rollen, Funktionen und Strukturelemente zu kennen und sich selbst in dieser Struktur verorten zu können. Prinzipiell müssen in einer regionalen Initiative die folgenden Funktionen besetzt werden:

- **Sekretariatsfunktion:** Service und Dienstleistungen, technische Unterstützung usw.,
- **Agenturfunktion:** Beratung, Unterstützung bei Projektentwicklung,

- **Koordinierungsfunktion:** Moderation und Netzwerkpflege, Zusammenhalten der vielen Einzelaktivitäten im Rahmen eines Gesamtkonzeptes,
- **Motorfunktion**: Ideengeber, Antreiber.

Ein guter und kommunikativer Netzwerker und Antreiber ist nicht automatisch ein geeigneter Konzeptersteller oder Manager für die Sekretariatsaufgaben – und umgekehrt.

Strategien für Erneuerbare-Energie-Initiativen

Kapitel IV

1. Wozu eine Strategie?

In diesem Buch wird die Umstrukturierung der Energieversorgung einer Region hin zu einer nachhaltigen Energieversorgung auf der Basis Erneuerbarer Energien im Hinblick auf eine optimale Gesamtentwicklung der Region dargestellt. Es werden dafür konkrete Empfehlungen gegeben. Mit dem Strukturwandel von Regionen beschäftigt sich traditionell die regionale Wirtschaftsförderung. Es liegt deshalb auf der Hand, Erkenntnisse aus diesem Bereich im größtmöglichen Umfang aufzugreifen und nutzbar zu machen.

Die Erfahrung mit der Wirtschaftsförderung von Regionen zeigt nicht zuletzt, dass sich einige Regionen besser oder schneller, andere Regionen aber weniger gut entwickeln, und dass dies an unterschiedlichen Faktoren liegt. Früher waren z.B. die mangelhafte Ausstattung mit Bodenschätzen oder schlechte Böden Gründe für schlechte Entwicklungsaussichten. Heute stehen eher Aspekte, wie Innovationsfähigkeit, Kapitalverfügbarkeit oder auch der Freizeitwert der Region, auf der Liste hemmender oder förderlicher Faktoren.

Die Aufgabe regionaler Wirtschaftsförderung ist es, diese Faktoren positiv zu beeinflussen, soweit es möglich ist. In diesem Zusammenhang wird von Regionen viel Geld für Studien ausgegeben, die herausfinden sollen, welches die entscheidenden Engpässe sind, die es durch die regionale Wirtschaftsförderung zu überwinden gilt. Je nach diagnostiziertem Engpass wird dann das eine oder andere Rezept für das als passend betrachtete Heilmittel aus dem Fundus der Wirtschaftsförderung empfohlen.

Interessanterweise entdecken nun auch die Protagonisten in regionalen Erneuerbare-Energie-Initiativen immer öfter diese Denkweise der Überwindung von Engpässen, Hemmnissen oder Barrieren, die der Erneuerbare-

Energie-Entwicklung in der Region entgegenstehen – und sie beginnen mit sehr ähnlichen Strategien wie die regionale Wirtschaftsförderung zu arbeiten.

In unseren Untersuchungen Erneuerbarer-Energie-Initiativen in Europa sind wir auf eine Reihe unterschiedlicher Strategien gestoßen, die in der Wirtschaftsförderung bereits bekannt und charakterisiert sind und deren Grundzüge wir in diesem Kapitel darstellen möchten.

Dabei geht es uns nicht so sehr darum, die eine oder die andere Strategie hervorzuheben. Vielmehr liegt uns daran, den Blick dafür zu schärfen, dass auch die Entscheidung für eine bestimmte Strategie (oder auch einen Mix aus verschiedenen Strategien) eine bewusste Entscheidung sein sollte. Nur wenn eine regionale Erneuerbare-Energie-Initiative ihre Strategie bewusst wählt, können hinterher die Mittel auch dezidiert dafür eingesetzt werden, können alle Netzwerkpartner an einem Strang und in eine Richtung ziehen, können die geeigneten Instrumente und Maßnahmen gezielt dafür eingesetzt werden.

Deshalb ist es empfehlenswert, in einem regionalen Energiekonzept, wenn möglich aufbauend auf den Ergebnissen einer vorangegangenen Analyse (vgl. Kapitel II), auch die Grundzüge der Strategie zu beschreiben, mit der die regionale Partnerschaft meint, die Ziele am besten erreichen zu können.

Sämtliche der im Folgenden beschriebenen **Strategien für regionale Erneuerbare-Energie-Initiativen setzen an einem bestimmten Engpass, einem Defizit oder einer Barriere an,** die es mit der Strategie zu überwinden gilt. Wir unterscheiden hier idealtypisch die folgenden Strategien:

- der angebotsorientierte Ansatz (Innovations-, Technologie-, Clusterförderung),
- der nachfrageorientierte Ansatz,
- die Verknüpfung von Angebot und Nachfrage,
- der Ansatz der Kapitalmobilisierung.

Im Folgenden werden diese Strategieansätze in ihren Grundzügen beschrieben. Diese in der Realität sicherlich so nicht vorfindbare Darstellung von „Reinformen" soll es erleichtern, sich bewusst für eine bestimmte Strategie oder eben einen **Strategiemix** zu entscheiden.

1.1. Der angebotsorientierte Ansatz

Bei der Verfolgung des angebotsorientierten Ansatzes steht die Förderung eines attraktiven Klimas für die lokalen Unternehmen aus dem Bereich Erneuerbare Energie im Vordergrund. Im Kern geht es dabei darum, die Gründung neuer bzw. die Marktposition und Innovationsfähigkeit der bestehenden Unternehmen der Erneuerbare-Energie-Branche in der Region zu stärken.

Bei diesem Ansatz werden aktuell weit verbreitete Instrumente aus dem Fundus der regionalen Wirtschaftsförderung angewandt.

Grundlegend bei der Förderung von so genannten Clustern ist die Erkenntnis, dass sich Unternehmen einer Branche, wenn sie in geografischer Nähe zueinander angesiedelt sind, nicht nur Konkurrenz machen, sondern sich auch gegenseitig befruchten und unterstützen können. Das Ziel der Maßnahmen ist es, diese Synergien zu erschließen und auszubauen. Cluster können insbesondere durch gezielte Ansiedlungen von Forschungseinrichtungen oder den Ausbau von Angeboten im Bereich Bildung und Weiterbildung gefördert werden. Die Clusterförderung versucht dabei, fehlende Steine im bestehenden Mosaik der regionalen Wirtschaftsstruktur zu ergänzen und über den Aufbau von Netzwerken Synergieeffekte in der jeweiligen Branche nutzbar zu machen. Das Ziel ist es, Kooperationen aufzubauen, mit denen für die beteiligten Unternehmen und Institutionen Mehrwerte geschaffen werden. Die in einer Marktwirtschaft gewünschte Konkurrenzsituation soll dabei nicht aufgehoben, aber durch partielle Kooperation ergänzt und dadurch erst im vollen Umfang fruchtbar gemacht werden.

Dieser Ansatz bietet sich insbesondere für Regionen an, in denen bereits eine Reihe wirtschaftlicher Aktivitäten im Bereich der nachhaltigen Energieversorgung vorhanden sind.

Beispiel: CLEO

Auf Initiative der Gesellschaft rEnergO (Gesellschaft zur Förderung, Gewinnung und Nutzung Erneuerbarer Energien im Odenwaldkreis) wird ein Netzwerk für regenerative Energien mit Schwerpunkt auf Biomasse aufgebaut. Die Stärkung der Innovationskraft und Wettbewerbsfähigkeit der Unternehmen im Bereich der Ökoenergie-Branche sind die Ziele dieses Clusterprojektes. Das CLEO (Cluster Erneuerbare Energie Odenwaldkreis) setzt auf eine enge Vernetzung von Partnern aus der gesamten Wertschöpfungskette und eine enge Kooperation mit Partnern aus der Wissenschaft, explizit der renommierten TU-Darmstadt.

Info unter: www.renergo.de bzw. www.odenwald-biomasse.de

Beispiel Ökoenergiecluster Oberösterreich

Ein sehr umfangreiches und bereits sehr etabliertes Cluster im Bereich der regenerativen Energien ist das Ökoenergie-Cluster (OEC) im Bundesland Oberösterreich, in dem mittlerweile über 140 Unternehmen aus Oberösterreich und dem benachbarten Ausland vernetzt sind. Der Oberösterreichische Energiesparverband (ESV) betreut dieses Cluster und strebt einen Ausbau der Kooperationen durch die Einbindung verschiedener Partner in gemeinsame regionale und überregionale Projekte an. Das Land Oberösterreich finanziert die Mitarbeiter des Clustermanagements aus öffentlichen Mitteln.

Info unter: www.oec.at

Denn grundsätzlich gilt, dass die Förderung von Clusterbildung dann erfolgreich sein wird, wenn auf bestehenden Ansätzen von Unternehmenskooperationen, Netzwerken oder regionalen Unternehmenskonzentrationen aufgebaut werden kann. Cluster entstehen nicht allein durch Förderung von außen. Vielmehr hängt die Nachhaltigkeit von Clusterstrukturen ganz wesentlich davon ab, dass die Initiative von den Unternehmen ausgeht oder zumindest von diesen mitgetragen wird. Daher muss dem Vertrauensbildungsprozess während der Clusterbildung ausreichend Raum und Zeit eingeräumt werden, denn Kooperationsbeziehungen und Netzwerke werden in erster Linie vom Vertrauen der Mitglieder untereinander getragen (Vgl. GTZ 2002).

Clusterförderung ist in erster Linie für Branchen zu empfehlen, die am Beginn des Produktlebenszyklus stehen. Es handelt sich also um Branchen, in denen umfangreiche Forschungs- und Entwicklungsvorhaben (F&E) notwendig sind. Derzeit gilt die Clusterförderung als wirkungsvolles Instrument regionaler Wirtschaftsförderung. Dementsprechend gibt es in verschiedenen deutschen Bundesländern besondere Fördermöglichkeiten für die gezielte Unterstützung von Clustern. Unter Umständen kann eine solche Förderung auch von Energieinitiativen beantragt werden. Weitere Auskünfte hierzu sind bei den Wirtschaftsministerien der Länder erhältlich.

Neben der Vernetzung der vorhandenen Akteure gehört z.B. die Durchführung branchenspezifischer Gründungswettbewerbe zum Repertoire von Clusterinitiativen. Durch diese Wettbewerbe soll es gelingen, innovativen Unternehmern aus der Region den Einstieg in die Selbständigkeit zu erleichtern oder sie aus anderen Regionen anzulocken.

Ein vielfach erprobter Ansatz zur Stärkung der Innovationskraft der Region, auch im Hinblick auf spezielle Branchen, ist die Einrichtung so genannter Gründer-, Innovations- oder Technologiezentren. Grundgedanke dieser Zentren ist es, neben der Bereitstellung günstiger Räumlichkeiten, durch die räumliche Nähe ein günstiges Klima für Kooperationen zwischen den Unternehmen zu schaffen. Dadurch soll die Innovationskraft der einzelnen Unternehmen gesteigert werden. Daneben kann gerade für kleine und junge Unternehmen die Ansiedlung in einem solchen Zentrum weitere Vorteile, wie zum Beispiel die gemeinsame Nutzung von Infrastruktur (Kopierer, Besprechungsraum, Empfang, etc.), mit sich bringen.
Erfolgreiche Clusterförderung erfordert vor allem eine gute Kommunikation zu den relevanten Akteuren in Wirtschaft und Wissenschaft. Daher und auf Grund der anspruchsvollen Tätigkeiten, die damit verbunden sind, ist der strategische Ansatz der Clusterförderung nur entsprechend gut ausgestatteten Initiativen zu empfehlen. Für regionale Energieinitiativen, die bereits über Rückhalt bei wichtigen Organen der öffentlichen Verwaltung, wie zum Beispiel der regionalen Wirtschaftsförderung, verfügen, stellt der Ansatz der Clusterförderung einen viel versprechenden Ansatz dar. Um unnötige Konkurrenzsituationen zu vermeiden, sollte bei der Wahl des Clusteransatzes als Strategie einer regionalen Erneuerbare-Energie-Initiative von Beginn an auf eine enge Kooperation mit den regional ansässigen Institutionen der Wirtschaftsförderung oder des Regionalmanagements geachtet werden.

Ein weiterer Vorteil, der durch die Clusterförderung realisiert werden kann, besteht in der Möglichkeit für Unternehmen, neue Märkte zu erschließen, in dem sie gemeinsame Angebote entwickeln und vermarkten. Insbesondere für komplexe Felder, wie zum Beispiel das Einsparcontracting oder Altbausanierungen, wird von der Nachfrageseite ein Angebot aus einer Hand gewünscht (s. hierzu auch Kapitel 6.2).

Beispiel EEE Cüssing, Burgenland, Österreich

Die burgenländische Region Cüssing (Österreich) positioniert sich als Innovations- und Technologieregion für Erneuerbare Energien. Dazu hat sie aufbauend auf einem regionalen Erneuerbare-Energie-Netzwerk das Europäische Zentrum für Erneuerbare Energie etabliert.

Der Schwerpunkt des Zentrums mit 14 Mitarbeitern liegt in der Begleitung und Betreuung von Demonstrationsanlagen, der Forschung und Entwicklung, der Energieberatung, im Dienstleistungsbereich sowie im Ökoenergietourismus.

Info unter: www.eee-info.net.

1.2. Der nachfrageorientierte Ansatz

Neben der Unterstützung der Anbieterseite steht bei vielen regionalen Erneuerbare-Energie-Initiativen der Nachfrager als Zielgruppe im Focus der Aktivitäten.

Dabei soll im Wesentlichen die Nachfrage nach Erneuerbare-Energie-Anlagen und Dienstleistungen aus dem Bereich der nachhaltigen Energieversorgung stimuliert werden, um so den Umbau des Energiesystems voranzutreiben.

Im Bereich der Erneuerbaren Energien ist dieser Ansatzpunkt vor allem zur beschleunigten Einführung und Nutzung von kleinen Anlagen geeignet, die allesamt sehr ähnlich sind, aber in großer Zahl installiert werden müssen. Dazu gehören Solarkollektoren, Pelletöfen, auf Pflanzenölbetrieb umgerüstete Fahrzeuge u.a.

Beispiel Solar-Einkaufsgemeinschaften

Wie so viele Ideen zur Förderung der Erneuerbaren Energien stammt auch die erste Solar-Einkaufsgemeinschaft aus Österreich, wo bereits im Jahr 1994 erste Sammelbestellungen in Auftrag gegeben wurden. Diese Großeinkäufe bildeten den Ausgangspunkt für die Gründung regional agierender Firmen. Ziel dieser Initiativen war es von Beginn an, ein möglichst gutes Preis-/ Leistungsverhältnis für die Endkunden zu ermöglichen. Inzwischen gibt es in verschiedenen Regionen, überwiegend im süddeutschen Raum, solche organisierten Solar-Einkaufsgemeinschaften, aus denen ein Netzwerk regional agierender Solarinstallateure entstanden ist.

Info unter: www.solar-einkauf.de, www.sonnefueralle.de

Neben den vielfältigen Möglichkeiten der nachfrageorientierten Information, Beratung und Öffentlichkeitsarbeit (vgl. dazu ausführlich die Kapitel V und VI) gehören dazu auch Maßnahmen, die dem Nachfrager ganz unmittelbar Aufwand und Kosten ersparen, z.B. die sogenannten Solarpakete oder allgemeine System- und Servicepakete.

Durch die Entwicklung solcher standardisierter Angebote, die auf die Anforderungen der Kunden bzw. Investoren zugeschnitten sind und vor allem die Sicherheit eines geprüften Standardprodukts vermitteln sollen, kann der Ausbau von Erneuerbare-Energie-Anlagen in der Region beschleunigt werden. Darüber hinaus können neue Zielgruppen erschlossen werden. Dabei werden auch technisch nicht interessierte Personen für ein Engagement im Bereich Erneuerbare Energie gewonnen, der für viele oft noch den Nimbus des technisch Neuen und ggf. Unerprobten hat. Hier kann die Initiative gezielt mit standardisierten Angeboten ansetzen und diese als gemeinsames Angebot „aus einer Hand" vermarkten. Dieses Vorgehen bietet für alle Beteiligten erhebliche Vorteile.

1.3. Die Verknüpfung von Angebot und Nachfrage

Unter Verknüpfung von Angebot und Nachfrage ist eine gezielte Kooperation von Anbietern und Nachfragern gemeint, wie dies bereits in Kap. III beschrieben und in einer Reihe von Regionen erfolgreich praktiziert wird. Bei diesem Ansatz ist ein breit aufgestelltes Unterstützernetzwerk für den Erfolg der Aktivitäten von besonderer Bedeutung.

Grundgedanke bei Initiativen oder Projekten, die sich eine Verknüpfung von Angebot und Nachfrage zum Ziel setzen, ist häufig die Eliminierung oder zumindest **Reduzierung eines unternehmerischen Risikos**. Ein wichtiger Beitrag hierzu ist die Vereinbarung von langfristigen Lieferverträgen und Abnahmeverträgen, die zwischen Anbietern und Nachfragern geschlossen werden.

Dieses Thema ist besonders im Bereich der Bioenergie bedeutsam und hat hier Auswirkungen auf die verschiedenen Stufen der Kette vom Rohstoff bis zur Energienutzung, da die Investitionsbereitschaft in neue Anlagen wesentlich von der kostengünstigen und zuverlässigen Verfügbarkeit von Brennstoffen beeinflusst wird. Gleichzeitig sind Investitionen in Maschinen zur Aufbereitung und Bereitstellung von Brennstoffen, etwa Holzpellets, erst interessant, wenn ein gewisser Markt für diese Produkte vorhanden ist.

Das Dilemma, das in diesem Zusammenhang besteht, ist typisch für Produkte, die auf dem Weg aus einer Marktnische zum Massenmarkt sind: Potenzielle Anbieter investieren nicht in Produktionsstätten und Produkte, da das Risiko eines Flops zu hoch ist. Gleichzeitig warten die Nachfrager auf günstige und zuverlässige Angebote. Um dieses Dilemma zu überwinden, sind Kooperationsstrukturen ein geeignetes Mittel.

Beispiel ZIEL 21

Die Solarinitiative ZIEL 21 im Landkreis Fürstenfeldbruck bemüht sich durch regelmäßige Aktionen die Energiewende vor Ort voranzubringen. Besonders bewährt hat sich dabei das Angebot so genannter Solarpakete. Die Initiative entwickelt gemeinsam mit dem regionalen Handwerk, der Sparkasse und weiteren Partnern ein besonders attraktives Angebot für Solaranlagen (ausführlichere Informationen zu diesem Beispiel s. Kap. VI.2)

Info unter: www.ziel21.de

Beispiel BIENE.BEA.OWL

In der Region Ostwestfalen Lippe ist es auf Initiative des Netzwerks BIENE.BEA.OWL in Kooperation mit in der Region ansässigen Landwirten und externen Experten für die Umrüstung gelungen, neben einigen privaten PKWs auch mehrere Fuhrparks auf den Einsatz von Pflanzenöl umzurüsten.

Info unter: www.biene-bea.de

Im Falle von Produkten im Bereich Energie ist das Dilemma häufig noch komplexer: So reicht es nicht aus, wenn ein Anlagenhersteller Interessenten für seine Pelletsheizungen gefunden hat, da dieser erst bereit sein wird, auf die neue Technik umzustellen, wenn auch ein zuverlässiger Lieferant für die Pellets gefunden ist. Die Produktion von Pellets lohnt sich wiederum erst ab einer gewissen Menge.

Dieselbe Problematik gilt eingeschränkt auch für die Umrüstung von Fahrzeugen auf alternative Treibstoffe: ohne ein ausreichendes Netz von Tankstellen, in denen dieser Treibstoff angeboten wird, bleibt es äußerst schwierig, Autofahrer von den Vorteilen eines alternativen Kraftstoffs zu überzeugen, obgleich es etwa im Fall von Pflanzenöl sehr leicht möglich ist, dem Nutzer eines umgerüsteten Fahrzeugs eine genehmigungsfreie eigene, kleine Tankstelle in Form eines 1.000 Liter Palettentanks bereitzustellen.

Die Aufgabe einer regionalen Energie-Initiative bzw. ihrer Koordinatoren und „Kümmerer“ (vgl. Kapitel III) kann genau hier ansetzen. Diese Personen haben die Aufgabe, die genannten Barrieren zu erkennen und die Akteure entlang der Wertschöpfungskette zusammenzuführen. Unter ihrer Moderation und Vermittlung sollte es gelingen, Vereinbarungen zu treffen, die allen Beteiligten genügend Sicherheit geben, um sich auf ein Engagement für Erneuerbare Energien einzulassen. So können sie beispielsweise die Kommunikation zwischen potenziellen Biomasselieferanten und potenziellen Kraftwerksbetreibern herstellen. Sehr wirkungsvoll ist dabei beispielsweise die Vermittlung von Geschäftsverbindungen zwischen Waldbesitzern oder Landwirten und potenziellen Großabnehmern von Strom oder Wärme, wie z.B. größere kommunale Liegenschaften (Turnhallen, Stadthallen) oder größere Unternehmen am Ort. Auch die Motivation und Gewinnung größerer Gruppen von Kleinenergieverbrauchern etwa im Vorfeld der Realisierung eines Nahwärmenetzes ist eine Aufgabe für regionale Erneuerbare-Energie-Initiativen bzw. ihrer Koordinatoren und „Kümmerer“ in diesem Zusammenhang.

Durch die Organisation von Abnahme- und Liefergarantien kann so mit Hilfe der Initiative ein regionaler Markt entstehen, der vorher so für die Akteure entweder nicht erkennbar oder dessen Erschließung für sie zu aufwändig war.

Denkbar sind solche Vereinbarungen zum Beispiel als Ergebnis einer Umrüstungskampagne für private PKW auf Pflanzenöl, bei der die Initiative die Organisations- und Informationsarbeit übernimmt und mit Unterstützung externer Experten Angebote für die Umrüstung anbietet.

Beispiel für die Mitarbeit der Netzwerkpartner bei der Kooperationsvermittlung

Einen interessanten Weg bei der Gewinnung von Partnern im Rahmen der Planung eines Biomasse-Nahwärmenetzes wählte die Erneuerbare-Energie-Initiative ZIEL 21. Aktive aus der Lokalen Agenda 21 gingen nach einer speziellen Kurzschulung durch Fachingenieure und Planer in der betreffenden Gemeinde von Haus zu Haus und halfen beim Ermitteln des Wärmebedarfs und beim Ausfüllen eines Fragebogens. Über die Vorzüge eines Anschlusses an das Wärmenetz wurde in von ZIEL 21 veranstalteten Bürgerversammlungen, aber auch in persönlichen Einzelgesprächen informiert.

Info unter: www.ziel21.de

100RE.net

1.4. Der Ansatz der Kapitalmobilisierung

Für den Bau von Anlagen zur Nutzung Erneuerbarer Energien oder für Maßnahmen zur effizienten Energienutzung wird eines ganz besonders benötigt: Kapital. Ob es um den Umbau der Energieversorgungsinfrastruktur, um Investitionen in Netze oder Anlagen oder um die Sanierung von Gebäuden geht: dies alles benötigt zunächst einmal Geld.

Dieses Kapital in den benötigten Einheiten zu mobilisieren und in sinnvolle, aufeinander abgestimmte Projekte zu lenken, bietet sich somit als grundlegende Strategie einer regionalen Erneuerbare-Energie-Initiative an. Von Vorteil ist dabei, dass Anlagen für Erneuerbare Energien in der Regel sehr viel kleiner sind als konventionelle Kraftwerke, weshalb eine größere Anzahl benötigt wird. Das erlaubt einen graduellen Zubau der Anlagen und jeweils kleinere und leichter zu konzipierende Finanzierungspakete. Eine inzwischen weit verbreitete Maßnahme in diesem Zusammenhang ist z.B. die Organisation so genannter Bürger- oder Bürgerbeteiligungsanlagen im Photovoltaik- oder im Windenergiebereich.
Durch Mobilisierung von Kapital aus der Region für regionale Projekte lassen sich erhebliche positive Effekte für die Region erzielen, da regionales Kapital dann nicht aus der Region abfließt, sondern weiter in der Region arbeiten kann und dort für ökonomische Impulse sorgt.

Beispiel: solarcomplex

Der Kapitalmobilisierungsansatz wird besonders konsequent von dem Bürgerunternehmen solarcomplex GmbH verfolgt, das seit dem Jahr 2000 in der Region Hegau Bodensee (Baden-Württemberg) aktiv ist. solarcomplex projektiert, plant, baut und betreut Anlagen zur Energieerzeugung und setzt dabei vor allem auf Photovoltaik, Wasserkraft und Biogas.

Das Unternehmen verfolgt dabei konsequent das Leitbild „aus der Region für die Region" mit dem Ziel, die konkrete Utopie einer nachhaltigen Energieversorgung zu realisieren. Dabei ist es gelungen, über 150 (natürliche und juristische) Personen aus der Region als Gesellschafter für die solarcomplex GmbH zu gewinnen.

Für die realisierten Anlagen mit einer Kapazität von inzwischen mehreren Megawatt, die jeweils in eigenständigen Gesellschaften geführt werden, wurden darüber hinaus von vielen weiteren Personen Gelder mobilisiert.

Weitere Informationen: www.solarcomplex.de *(s. dazu auch Kap. III)*

Je nach Anlagentyp und regionalen Gegebenheiten ist der regionale Anteil an der Wertschöpfung bei Erneuerbare-Energie-Anlagen mehr oder weniger ausgeprägt. Besonders vorteilhaft sind in diesem Zusammenhang Biomasse- und Biogasanlagen, da sich hier für Landwirte zusätzliche Einkommensmöglichkeiten ergeben.

Aber auch im Bereich der Photovoltaik sind die regionalen Effekte nicht unerheblich und können je nach regionalen Gegebenheiten sogar einen Großteil der gesamten Wertschöpfung ausmachen. Das Beispiel des Bürgerunternehmens solarcomplex verwendet zum Beispiel für die projektierten Photovoltaik-Kraftwerke ausschließlich Module und Wechselrichter, die von einem in der Region ansässigen Produzenten hergestellt werden. Diese Anlagen werden in der Regel zusätzlich mit Hilfe regionaler Kreditinstitute finanziert. Das regionale Handwerk profitiert von den Aufträgen bei Bau und Wartung der Anlagen. Dies alles führt zu weiterer Wertschöpfung, die in der Region verbleibt.

Unter den Rahmenbedingungen des EEG ist in Deutschland die Energieerzeugung aus erneuerbaren Quellen auch ökonomisch attraktiv geworden. Um Kapital für Erneuerbare-Energie-Projekte von Privatleuten zu akquirieren, bedarf es schlüssiger Konzepte und attraktiver Angebote.

Allerdings sind auch ökonomisch interessante Investmentangebote keine Selbstläufer: wer mehrere tausend Euro investiert, möchte neben den positiven ökologischen, ökonomischen und regionalwirtschaftlichen Aspekten vor allem das Gefühl bekommen, sein Geld bei einem vertrauenswürdigen Partner anzulegen. Bei Verfolgung des Kapitalmobilisierungsansatzes ist deshalb zu empfehlen, von vornherein einen **Partner aus dem Finanzbereich mit ins Boot zu nehmen, der bei potenziellen Investoren Vertrauen genießt.** Sparkassen oder andere Banken aus der Region sind immer öfter bereit, sich auf dieses zusätzliche Geschäft einzulassen und bieten evtl. auch projektbezogene attraktive Kreditkonditionen an.

2. Wahl der passenden Strategie

2.1. Entscheidungsmatrix für Strategien

Bei der Entscheidung für die eine oder andere Strategie ist es wichtig, zu analysieren, welche Strategie tendenziell für die betrachtete Region passend ist und dem übergeordneten Ziel der regionalen Gesamtentwicklung am meisten dient. Die folgende Matrix zeigt dafür nochmals im Überblick die vier dargestellten Strategien mit ihren wesentlichen Eigenschaften. Daraus wird ersichtlich, in welcher Situation der einen oder anderen Strategie der Vorzug zu geben ist.

Tabelle: Entscheidungsmatrix für verschiedene Strategien

Strategie	**angesprochener Engpass/ Barriere/ Defizit**	**Methode**	**In welcher Situation geeignet?**
angebots-orientiert	fehlende bzw. unzureichend gerüstete Unternehmen in der Region	Ansiedlung neuer und Unterstützung bestehender Unternehmen, z.B. Verbesserung der Innovationsfähigkeit, Initiierung von Kooperation	wenn bereits erste Unternehmen im Bereich EE vorhanden sind
nachfrage-orientiert	Verbraucherunkenntnis, -vorbehalte, -ängste	Mix aus Information, Beratung, Öffentlichkeitsarbeit und vertrauensfördernden Paketangeboten	jederzeit, auch zu Beginn der Tätigkeit einer Initiative
Verknüpfung von Angebot und Nachfrage	gegenseitige Blockade von fehlendem Angebot und fehlender Nachfrage	feste und langfristige Rahmenvereinbarungen, Lieferverträge etc.	vor allem im Bereich der Biomasse ein wichtiger Teil eines Strategiemixes
Kapitalmobilisierung	Kapitalbedarf für EE Anlagen	(1) Einbezug regionaler Banken, (2) Bürgerbeteiligungsmodelle	jederzeit

Innerhalb des übergeordneten Ziels der regionalen Gesamtentwicklung spielt oft die Höhe des durch eine Maßnahme in die Region zurück erzeugten Geldflusses eine große Rolle. Darum ist diesem Aspekt der nächste Abschnitt gewidmet.

2.2. Wohin fließt das Geld eines Erneuerbare-Energie-Projekts?

Die Einnahmen aus dem Betrieb einer Anlage zur Nutzung Erneuerbarer Energien stammen im Fall der Stromerzeugung aus der Vergütung, die der Netzbetreiber in Deutschland laut Erneuerbare-Energie-Gesetz dem Anlagenbetreiber zahlen muss. Die dem Netzbetreiber dadurch entstehenden Kosten werden letztendlich nach einem ausgefeilten Verfahren bundesweit auf alle Stromkunden umgelegt. Ein Durchschnittshaushalt wird dadurch mit wenigen Euro pro Jahr belastet.

Für eine nachhaltige regionale Wirtschaftsentwicklung entscheidend ist aber nicht die Frage der Einkunftsquelle, sondern viel mehr, wohin das eingenommene Geld letztendlich wieder fließt. Bleibt es in der Region oder geht es an Empfänger, die selbst außerhalb der Region leben und es auch außerhalb der Region wieder ausgeben, d.h. nicht wieder in den Wirtschaftskreislaufs der Region einbringen?

Diese Frage beschäftigt nicht nur Regionalmanager und regionale Wirtschaftsförderer, sondern steht oft im Mittelpunkt heißer Debatten um die Nutzung Erneuerbarer Energien. Wir begegneten dieser Fragestellung unter anderem bei der Erstellung eines Gesamtkonzeptes für die Entwicklung einer zukunftsweisenden Energie-Initiative in den Landkreisen Barnim und Uckermark, Brandenburg. Ein dort ansässiger Projektentwickler für Windparks, der sich oft der Frage stellen muss, wem denn eigentlich die Errichtung von Windparks in der Uckermark zugute kommt, hat uns freundlicherweise genaue Zahlen zum Geldfluss eines konkreten und repräsentativen Windparks zur Verfügung gestellt. Bei diesem Beispiel werden über die Laufzeit des Windparks insgesamt 192,5 Mio. Euro eingenommen, die, wie in der folgenden Tabelle gezeigt, wieder in verschiedene Kanäle fließen.

www.barum111.de

Tabelle: Geldflussverteilung eines Windparks in der Uckermark, Brandenburg, mit einem Gesamtgeldfluss von 192,5 Mio. Euro

Ausgaben	Anteil am Geldfluss	Regionaler Anteil
Anlagenbau (Windkraftanlagen, Fundamente, Wege etc.)	28%	19%
Betrieb, Reparatur, Verwaltung, Pacht etc.	39%	12%
Fremdfinanzierung (Zinsen an Banken)	13%	0%
Ausschüttungen an Gesellschafter nach Steuern	8%	0%
Steuern	12%	8%
Insgesamt	**100%**	**39%**

Quelle: ENERTRAG AG, www.enertrag.de, im Rahmen der Erstellung des Gesamtkonzepts BARUM 111 für die Region Barnim und Uckermark

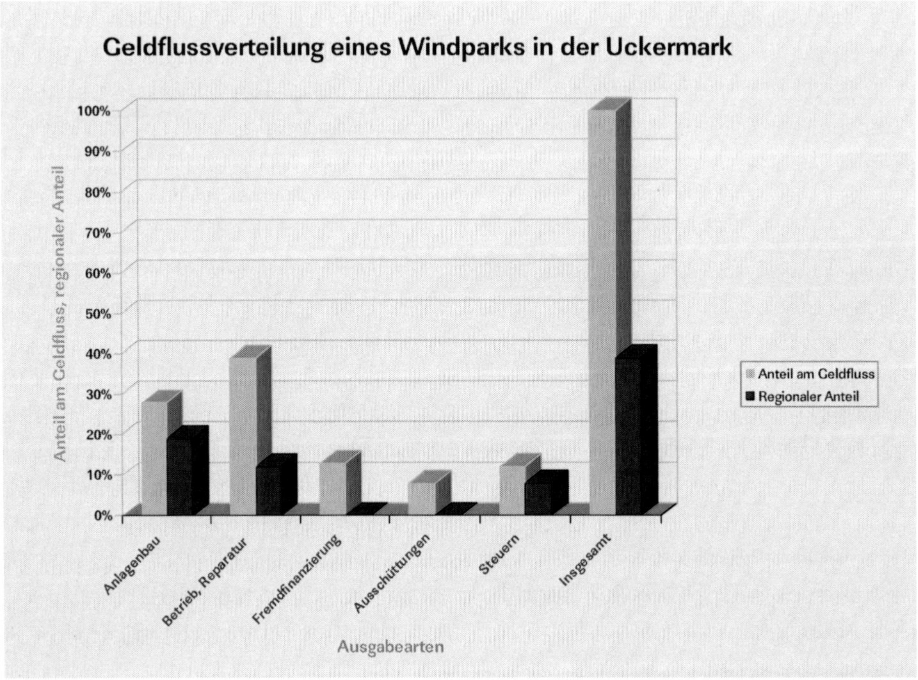

Die Verteilung der Geldflüsse für Ausgaben widerlegt die oft zu vernehmende Auffassung, der Großteil des Geldes flösse an reiche Investoren, die fernab der Uckermark lebten. Obwohl bei diesem Beispiel die Gesellschafter des Windparks in der Tat fast ausschließlich außerhalb der Region leben und auch die Fremdkapital gebende Bank nicht dort beheimatet ist, fließen fast 40% der Ausgaben direkt oder indirekt in die Region. Die bedeutendste Rolle spielen dabei Aufträge an lokale Firmen zum Bau der Windpark-Infrastruktur sowie die Tatsache, dass der Projektentwickler und Betreiber in der Region ansässig ist.

Eine Steigerung des regionalen Anteils der Geldflüsse ließe sich erreichen, wenn Windkraftanlagen eines im benachbarten Landkreis Barnim ansässigen Windkraftanlagenproduzenten gekauft würden – so wie solarcomplex Anlagen von einem regionalen Produzenten kauft. Weiterhin wäre es für die Region von Vorteil, wenn eine regionale Bank die Fremdfinanzierung gewährte und wenn Bewohner aus der Region sich entschlössen, Gesellschafter zu werden.

Zum Vergleich sei die Geldstromverteilung eines um den Faktor 1.000 kleineren Beteiligungsprojektes betrachtet, der SOLKIZ – Solares Kirchenzentrum Messestadt-Riem GbR, ein vom Mitautor dieses Buches, Dr. Michael Stöhr, initiiertes und umgesetztes Bürger-Photovoltaikanlagenprojekt auf dem neuen ökumenischen Kirchenzentrum in der Messestadt-Riem, München.

www.sankt-florian.org
www.sophienkirche.de

Bei diesem Projekt, bei dem Gesamteinnahmen von 182.000 Euro über die Gesamtprojektlaufzeit prognostiziert sind, wurde das Eigenkapital in Höhe von 39.000 Euro ausschließlich von Mitgliedern der beiden Kirchengemeinden und sonstiger Bewohner des Stadtteils aufgebracht. Die durchschnittliche Beteiligung pro Person lag bei nur 1.054 Euro. Es handelt sich also um ein Beispiel von Mikrofinanzierung durch eine vergleichsweise große Zahl finanziell eher schwacher Gesellschafter, für die die Motivation, gemeinsam etwas in der eigenen Kirchengemeinde und im eigenen Stadtteil zu gestalten sowie der persönliche Kontakt untereinander ausschlaggebend waren. Die Tabelle unten zeigt die Verteilung der Ausgaben in diesem Projekt auf verschiedene Geldempfänger.

Tabelle: Geldflussverteilung der Bürger-Photovoltaikanlage auf dem Kirchenzentrum Messestadt-Riem, München, mit einem Gesamtgeldfluss von 182.000 Euro

Ausgaben	Anteil am Geldfluss	Anteil München	Anteil Bayern	Anteil Deutschland	International
PV-Anlage (Errichtung und Rückbau)	47%	5%	8%	20%	27%
Reparatur (Ersatzwechselrichter u.a.)	16%	4%	8%	16%	-
Versicherungen	3%	-	-	1,5%	1,5%
Fremdfinanzierung (Zinsen und Gebühren an Banken)	10%	-	10%	10%	-
Ausschüttungen an Gesellschafter nach Steuern	14%	14%	14%	14%	-
Steuern	5%	1%	2%	5%	-
Dachpacht an Kirchen	5%	5%	5%	5%	-
Insgesamt	100%	29%	47%	71,5%	28,5%

Quelle: Dr. Michael Stöhr, privat

Der Anteil des regionalen Geldflusses (nach München bzw. Bayern) entsteht hier durch keine einzelne, sondern durch die Summierung verschiedener Komponenten: (1) Alle Gesellschafter wohnen in unmittelbarer Nähe und sind finanziell eher schwach gestellt, d.h. sie behalten den größten Teil ihrer Ausschüttung auch nach Steuerabzug, (2) die kreditgebende Bank stammt aus der Region, (3) regionale Firmen sind in Errichtung und Reparaturen eingebunden, (4) die Dachpachtzahlung geht an die lokalen Kirchengemeinden etc.

Der regionale Anteil ließe sich auch hier wesentlich erhöhen, wenn die Firmen, welche die Anlagenkomponenten herstellen, aus der Region kämen. Dies war in diesem Beispiel jedoch durch die im Jahr 2005 einzigartige, weltweite Photovoltaikmodulknappheit nicht zu realisieren.

2.3. Einfluss der Strategiewahl auf den regionalen Wirtschaftskreislauf

Die in Abschnitt 2.2 aufgeführten Beispiele von Gemeinschaftsanlagen zur Nutzung Erneuerbarer Energien sind kapitalintensive Beispiele. Bei diesen Beispielen fallen nur geringe Betriebskosten, etwa für die Wartung der Anlagen an. Dies ist bei Biomasseanlagen anders. Hier muss auch die Biomasse für den Betrieb erzeugt werden. Das sollte allein schon deswegen in der Region geschehen, weil Biomasse eine im Vergleich zu fossilen Energieträgern geringere Energiedichte besitzt und darum nur mit vergleichsweise großem finanziellen Aufwand über große Entfernungen transportiert werden kann (trockenes Holz stellt eine Ausnahme dar, vor allem wenn der Transport per Schiff möglich ist).

Folgende Hauptfaktoren, die für eine Maximierung des Geldrückflusses aus Anlagen zur Nutzung Erneuerbarer Energien in die Region wichtig sind, kristallisieren sich heraus:

1. Die an Errichtung, Betrieb, Wartung, Reparatur und Rückbau einer Anlage beteiligten Firmen sollten soweit wie möglich aus der Region kommen.
2. Sollte man bei der Abwägung zwischen verschiedenen Technologien nicht bereits aus anderen Gründen zu einer klaren Entscheidung gekommen sein, sind Technologien vorzuziehen, bei denen auch Betriebsstoffe aus der Region zum Einsatz kommen können. Dies sind in der Regel Biomasseanlagen.
3. Die kreditgebende Bank sollte aus der Region kommen. Dies ist gerade bei ländlichen Regionen umso leichter zu realisieren, je kleinteiliger die Projekte und damit die Kreditvolumina sind.
4. Ein möglichst hoher Anteil von Eigenkapitalgebern sollte aus der Region akquiriert werden, etwa durch Gewährung von Sonderkonditionen, wie geringere Mindestbeteiligung, als für Kapitalgeber von außerhalb der Region.

Die Zusammenstellung dieser Faktoren illustriert erneut, dass eine Optimierung der Nutzung Erneuerbarer Energien im Hinblick auf die Gesamtentwicklung der Region den Einbezug und das Zusammenspiel einer großen Zahl verschiedener Akteure erfordert. Dafür empfehlen wir den Aufbau von Strukturen, wie sie in Kapitel III beschrieben sind.

Hinsichtlich der in diesem Kapitel dargestellten Strategien lassen sich folgende Schlussfolgerungen ziehen:

1. Eine angebotsorientierte Strategie kann einen **erheblichen Sprung bei der regionalen Wertschöpfung** und dem Rückfluss von Geld in die Region durch Erneuerbare Energien bewirken, indem Produzenten von Anlagen in der Region angesiedelt bzw. gestärkt werden. Dieser Ansatz ist schwierig und erfordert einen langen Atem. Gelingt er, steuert er den größten Beitrag zur Regionalisierung von Wertschöpfung und Geldfluss bei.
2. Eine nachfrageorientierte Strategie bereitet eher das allgemeine Umfeld vor, ohne direkte Auswirkungen auf die Regionalisierung von Wertschöpfung und Geldfluss, vor allem nicht bei größeren Anlagen. Standardisierte Angebote, die eher für kleine Anlagen, wie Solaranlagen zur Brauchwassererwärmung geeignet sind, tragen jedoch zu einer stetigen Stärkung der regionalen Wirtschaft bei, da solche Anlagen besonders leicht von regional bereits ansässigen Unternehmen, in der Regel Handwerksbetrieben, realisiert werden können.
3. Die Verknüpfung von Angebot und Nachfrage ist besonders im Bereich der Biomassenutzung von Bedeutung und kann ebenfalls einen erheblichen Anteil zur Regionalisierung des Wirtschaftskreislaufs und zur Stärkung der Region beitragen, weil dadurch gerade betriebsmittelintensive Anlagen gefördert werden.
4. Kapitalmobilisierung in der Region muss an zwei Stellen ansetzen: (1) Bei der **Mobilisierung regionaler Kreditinstitute** hinsichtlich der Bereitstellung von Krediten für Erneuerbare Energien und (2) bei der **Mobilisierung von regionalem Eigenkapital** zum Anlagenbau. Beides kann dann je einen wichtigen Baustein zur Regionalisierung von Wertschöpfung und Geldfluss beitragen.

Kommunikation, Öffentlichkeitsarbeit, Bewusstseinsbildung

Kapitel V

Die Kapitel V und VI beschäftigen sich mit den Maßnahmen, die neben der Installation von Energieanlagen geeignet sind, Erneuerbare Energien in Regionen voranzutreiben. Eine besondere Rolle kommt dabei der Kommunikation bzw. der Öffentlichkeits- und Bewusstseinsarbeit zu. Dieser Bereich wird deshalb in diesem Handbuch ausführlicher und in einem eigenen Kapitel behandelt.

Dieses Kapitel bewegt sich im Schnittbereich von Marketing, Bildungs- und Medienarbeit und zeigt die verschiedenen Facetten und Möglichkeiten auf, wie Sie einer regionalen Erneuerbaren-Energie-Initiative einen starken und einprägsamen Auftritt sowohl nach außen, aber auch nach innen verschaffen.

1. Zielgruppenorientierte Kommunikation

Das übergeordnete Ziel einer regionalen RE-Initiative ist die Optimierung von Energiesystemen im privaten, öffentlichen und Unternehmensbereich. Deshalb geht es nicht nur um die Sensibilisierung und Motivation regionaler Akteure, sondern auch stark um Aspekte des Marketings. Dabei steht bei regionalen Erneuerbare-Energie-Initiativen zunächst die Verbreitung der **Idee** „Erneuerbare Energien" im Vordergrund. Später rückt immer stärker das **Produkt**marketing in den Mittelpunkt. Daher ist es hilfreich, für Kampagnen und Initiativen zu Erneuerbaren Energien in der Region, Rückschlüsse aus Erfahrungen und Instrumenten erfolgreicher Marketingprozesse zu ziehen.

Aus dem Marketing ist eine Methode bekannt, die geeignet ist, die zielgenaue Ansprache von Zielgruppen zu verbessern.

1.1. Die vier Aspekte des zielgruppenorientierten Marketings

Bei einem Marketing-Prozess werden vier Aspekte in Beziehung gesetzt:

BEDÜRFNISSE	ZIELGRUPPE	MARKETINGAUSSAGE	PRODUKT
Worauf sprechen die Mitglieder der Zielgruppen(n) besonders an?	Welche Gruppen wollen wir mit dem marketing vor allem ansprechen?	Mit welchen Kernaussagen wollen wir die Zielgruppe ansprechen?	Was müssen wir tun, damit die Marketingaussagen haltbar sind?

Auch im Bereich Erneuerbare Energie erhöht es den Wirkungsgrad der Öffentlichkeitsarbeit, wenn zu Beginn der Aktivitäten sehr schnell folgende Fragen betrachtet werden:

1. **Bestimmung der Zielgruppe:** Wen wollen wir mit unserer Initiative ansprechen? Es ist zu bedenken, dass eine Erneuerbare-Energie-Initiative diesbezüglich einen multidimensionalen Charakter aufweist: Sie kann ansprechen:

   - Partner innerhalb der Initiative,
   - Unterstützer und Multiplikatoren (z.B. Umweltschutzgruppen, Politiker, Presse),
   - Händler und Hersteller (z.B. Handwerker und Ingenieure), Investoren
   - sowie Endverbraucher aus dem privaten, öffentlichen und Unternehmensbereich.

2. Analyse der Bedürfnisse der Zielgruppe: Dabei sollte man sich bewusst sein, dass die meisten Personen zugleich persönliche und Gruppeninteressen besitzen. Stellen Sie sich folgende Fragen:

   - Was ist das persönliche Interesse eines typischen Zielgruppenvertreters? (Die Welt verbessern, Berühmtheit erlangen, Spaß haben, Geld verdienen, Wiederwahl sichern, ...)

- Wählen Sie sorgsam Ihre Zielgruppen!
- Analysieren Sie deren Bedürfnisse!
- Entwickeln Sie Ihre Marketingaussagen!
- Entwerfen Sie spezielle Angebote!

- Welchen Beschränkungen unterliegt die Zielgruppe? (Keine Zeit, wenig Geld, keine Entscheidungsbefugnis, politische Rahmenbedingungen, ...)
- Was beeinflusst Ihre Kauf- oder Investitionsentscheidung (Qualität, Preis, Marke, ...) bzw. ihre Entscheidung, eine Initiative zu unterstützen?

3. Entwicklung einer zielgenauen Marketingaussage: In erster Linie muss diese Aussage exakt die Bedürfnisse der Zielgruppe treffen. Die Aussage „... weil es Geld spart!" würde keinen Sinn ergeben, wenn das Hauptinteresse der Zielgruppe der Kampf gegen den Klimawandel ist. Im Allgemeinen werden zwei Arten von Aussagen benötigt:

   - Eine klare, prägnante und unverwechselbare Aussage (Claim/ Motto) (z.B. „fit-for-sun", „Habe Sonne im Herzen – und in deinem Haus!", „step forward!"). Ein solcher Claim spricht gewöhnlich den emotionalen Teil der Zielgruppe an.
   - Eine Sammlung von 3 - 5 charakterisierenden Aussagen zur Initiative bzw. dem Produkt. Diese sollten sowohl emotionale als auch rationale Bedürfnisse der Zielgruppe ansprechen.

   Falls es dennoch nötig ist, mehrere Zielgruppen gleichzeitig anzusprechen, zum Beispiel mit demselben Informationsmaterial (was nicht empfehlenswert ist, sich aber durch Ressourcenengpässe mitunter nicht vermeiden lässt), kann nach einer Claimaussage gesucht werden, die verschiedene Bedürfnisse anspricht, und unterstützend eine weitere Marketingaussage pro Zielgruppe hinzufügt werden.

4. Zielgruppengenauer Zuschnitt des Angebots/ Produktes: Erfahrene Marketingexperten entwickeln ein Angebot, zugeschnitten auf die zuvor definierte Zielgruppe. Sie analysieren deren Bedürfnisse und treffen dann eine Marketingaussage, mit der sich diese Bedürfnisse ansprechen lassen. Letztendlich muss jedoch ein Angebot vorhanden sein, das der Marketingaussage gerecht wird! Die Angebote einer regionalen Erneuerbare-Energie-Initiative richten sich prinzipiell an mehrere Zielgruppen, so z.B.:

- Das Angebot für private, öffentliche oder unternehmerische Kunden kann z.B. aus tatsächlichen Erneuerbare-Energie-Anlagen oder Erneuerbare-Energie-Dienstleistungen der Netzwerkpartner bestehen. Gut ausdifferenzierte Produkte bestehen aus einem Bündel von Einzelangeboten, wie der Analyse der Rahmenbedingungen, technischen Lösungen, Hilfestellung bei Krediten und Förderung, allen Genehmigungen und einem Servicevertrag für Wartung und Versicherungen.
- Das Angebot für Endkunden, die am Bau oder der Beteiligung einer Erneuerbaren-Energie-Anlage oder an Maßnahmen zur Energieeinsparung interessiert sind, umfasst sowohl Beratungsangebote als auch die Beteiligung an Gemeinschaftsanlagen, die von der Initiative organisiert werden.
- Angebote für Handwerker bestehen beispielsweise aus Qualifizierungsmaßnahmen und Unterstützung. Das Angebot der regionalen Erneuerbare-Energie-Initiative könnte ein Trainingspaket, Marketing- und PR-Tools sowie einen Rahmenvertrag mit Herstellern von Erneuerbare-Energie-Anlagen umfassen (s. dazu Kap. VI.1).
- Angebote für Investoren können entsprechende Anlageangebote mit Konditionen, Armortisationszeiten etc. umfassen.
- Das Ziel jeder Kommunikationsmaßnahme liegt darin, die Menschen zum Handeln zu bewegen. Um dies zu erreichen, folgen Marketingexperten oft dem so genannten AID-Schema.

1.2. Das AID-Schema

Das AID-Schema beschreibt drei Schritte, die bei einem Prozess zur Entwicklung einer Kommunikationsstrategie klar voneinander getrennt werden müssen:

ATTRACT → **INFORM** → **DEVELOP**

1. **A**ttract – Die Menschen auf die Thematik aufmerksam machen!

Wir leben in einer Welt, die überquillt vor Marketingaussagen. Öffentlichkeitsarbeit für Erneuerbare Energien muss sich mit zahlreichen anderen Angeboten messen – selbst innerhalb des Bereichs Umweltschutz und Nachhaltigkeit. Grundsätzlich ist es auf dreierlei Arten möglich, Aufmerksamkeit zu erregen:

- Durch einen eindrucksvollen Effekt oder ein außergewöhnliches Angebot,
- durch einen einzigartigen Claim oder ein herausragendes Design des Werbematerials,
- durch starke Präsenz und einen sehr hohen Wiedererkennungswert.

Während die beiden ersten Optionen in der Regel sehr arbeits- und kostenintensiv sind, stellt Punkt drei die größte Stärke einer regionalen Initiative dar. Sie sollte den Versuch unternehmen, eine einzigartige „Marke“ für ihre Thematik zu entwerfen und so viele Unterstützer wie möglich zu gewinnen, um diese zu verbreiten. Hier kann das ideelle Unterstützernetzwerk (vgl. dazu Kapitel III) einzigartige Dienste leisten, wenn es entsprechend angelegt wird.

2. **I**nform – Chancen und Handlungsoptionen darstellen!

Erneuerbare Energien haben mittlerweile ihren Platz im Bewusstsein vieler Menschen gefunden. Dennoch ist das diesbezügliche Wissen meist noch gering. Der Kenntnisstand zu Vorteilen, Kosten und Beschränkungen ist begrenzt. Die Aktivitäten und Materialien in dieser Phase des Kommunikationsprozesses sind der Hebel, um die Menschen von einem Stadium des Bewusstseins zur Aktivität zu bewegen. Nichtsdestotrotz sollte ein häufig begangener Fehler vermieden werden: **Überfordern Sie Ihre Zielgruppe nicht!** In dieser Phase hat ein Interessent für Erneuerbare-Energie-Anlagen keine Verwendung für eine Vorlage zur Genehmigung oder ein Formular für einen Förderantrag. Und ein Handwerker benötigt noch keine ausführlichen technischen Informationen oder einen Businessplan.

→ A ttract – Aufmerksamkeit erregen!

→ I nform – über Chancen aufklären!

→ D evelop – Handlungswunsch entwickeln!

3. **D**evelop – Handlung initiieren!

Erneuerbare-Energie-Anlagen sind eine kostspielige Investition – und zwar sowohl auf der Angebots- als auch auf der Nachfrageseite. Wer seine Zielgruppe erfolgreich überzeugen will, muss ihr auch ausgezeichnete Unterstützung bieten. Auf der Kundenseite muss eine klare Vorstellung der Kosten und Einsparungsmöglichkeiten geschaffen werden. Halten Sie dazu Kalkulationsmodelle und Förderberatungen bereit. Ergänzen Sie das Angebot durch eine Marktübersicht mit Informationen zu den hochwertigen Anbietern innerhalb der Region. Zu den Ergebnissen einer entsprechenden Marktanalyse zählt auch eine Liste der Hersteller.

Den Zielgruppen auf der Angebotsseite kann mit technischer Schulung, Marktstudien, Hilfestellung bei der Aufstellung von Businessplänen oder der Vermittlung von Hintergrundinformationen via Internet geholfen werden.

Für jeden AID-Schritt sollten Materialien entworfen, angemessene Veranstaltungen organisiert und Einstiegsmöglichkeiten für die verschiedenen Zielgruppen geschaffen werden. Zur Planung einer strukturierten Kommunikationsarbeit ist ein Medien- und Aktionsplan hilfreich, der die drei Schritte umfasst. Wann immer Sie eine Broschüre entwerfen oder eine Veranstaltung organisieren, stellen Sie sich die Frage, welchem der drei Schritte gedient sein soll: A,I oder D?

Die verschiedenen Zielgruppen benötigen bedarfsorientierte Hilfe „just in time". Das bedeutet, dass möglichst viele Menschen in der Region wissen, wo sie die Informations- und Unterstützungsangebote finden können. Dazu tragen beispielsweise die Einrichtung einer Hotline bei und die vielfältige Bekanntgabe der entsprechenden Telefonnummer. Zusätzlich zu vergleichsweise anonymen Internetseiten ist der persönliche Kontakt von großer Bedeutung.

Der AID Prozess soll den Adressaten vom ersten Kontakt bis hin zum eingespielten System führen. Schritt für Schritt sollen die Lust und die Motivation, „etwas zu tun", wachsen. Je weiter der Einzelne in diesem Prozess voranschreitet, desto wichtiger wird es, dass er Vertrauen fasst und nicht enttäuscht wird. Die Erneuerbare-Energie-Initiative sollte deshalb auch stets die Qualität der Partner im Auge behalten, mit denen sie zusammen arbeitet.

Tatsächlich existiert noch ein vierter, zusätzlicher Schritt innerhalb eines Marketing-Prozesses. Die AID-Schritte werden häufig auch in „non sales", „pre sales" und „sales" eingeteilt. Unter Marketingfachleuten ist allgemein bekannt, dass „after sales" ebenso wichtig sind. Eine Erneuerbare-Energie-Initiative sollte sich vergewissern, dass die Besitzer einer neuen Erneuerbare-Energie-Anlage auch mit ihrer Entscheidung zufrieden sind und die Initiative künftig unterstützen werden.

Beispiele für die Einordnung von Maßnahmen nach dem AID-Schema

Attract ····►	**Inform** ····►	**Develop**
E-Mail Information an ausgewählte Zielgruppe	Informationsstand in einem Installateurgeschäft	Besuch von einem Experten, um die spezifischen Möglichkeiten abzuschätzen
Ansprechendes Plakat mit einprägsamer Hotline-Telefonnummer	Strukturierte Interviews z.B. durch ein Call-Center mit Bezug zur Website	Selbst-Check und Kalkulationstool auf der Homepage
Präsentation beim jährlichen Treffen der regionalen Handwerkskammer	Broschüre mit Fallbeispielen zu erfolgreichen Betrieben	Trainingskurse für Installateure
Wettbewerb um einen Solarpreis	Berichte über Preisverleihungen	Besuchsprogramme zu Modellanlagen
Informationsseminar für Bürgermeister und Unternehmer, das von einem bedeutenden Politiker eröffnet wird	Informationspakete für Hausmeister und Verwalter von öffentlichen Gebäuden	Textbausteine für Ausschreibungsverfahren

2. Entwicklung eines Kommunikationsplans

Die Kommunikation im Rahmen einer regionalen Erneuerbare-Energie-Initiative ist, wie oben beschrieben, eine Aufgabe, die eine strategische Herangehensweise erfordert. Idealerweise umfasst sie Angebote für verschiedene Zielgruppen. Dies macht die Organisation der Kommunikationsarbeit sehr komplex. Ein klares Arbeitsprogramm und im Besonderen ein Medienplan sind daher von zentraler Bedeutung.

Ein Medienplan enthält alle Maßnahmen, Termine und die Verteilung der Aufgaben für einen bestimmten Zeitraum. Dabei ist es wichtig, sich bei der Medienarbeit auf die unterschiedlichen Zielgruppen einzustellen und Ziele sowie Teilziele immer im Blick zu behalten.

Das oben dargestellte AID Vorgehen kann in Kombination mit den Zielgruppen der regionalen Kommunikation eine Art Grundgerüst für den Kommunikationsplan sein. Die folgende Matrix kann helfen, die geplanten Aktivitäten zu strukturieren und auf ihre Vollständigkeit zu überprüfen.

	attract ►	**inform** ►	**develop**
Nachfrager			
Anbieter			
Multiplikator			
Weitere Akteure			

Multiplikatoren nehmen in diesem Zusammenhang eine Doppelrolle ein. Sie sind eine wichtige Ressource für die Kommunikation der regionalen Erneuerbare-Energie-Initiative. In dieser Hinsicht werden sie im Aktionsplan als Agierende auftauchen, welche Maßnahmen durchführen oder sie unterstützen. Gleichzeitig sind sie aber auch Zielgruppe des Aktionsplans, weil es aus Sicht der Hauptverantwortlichen der Erneuerbare-Energie-Initiative gilt, sie gezielt mit Maßnahmen anzusprechen und sie z.B. durch Seminare und Materialien in die Lage zu versetzen, die Anliegen der Initiative zu unterstützen.

Überarbeiten und aktualisieren Sie den Aktionsplan in regelmäßigen Abständen. Dies kann ggf. auch mit besonders engagierten Partnern (z.B. in einer Arbeitsgruppe „Kommunikation") geschehen. Achten Sie darauf, dass der Kommunikationsplan Angaben zu Zuständigkeiten und zur Finanzierung der Maßnahmen enthält.

Ein guter Aktionsplan beruht zusätzlich auf einer Bewertung der eingesetzten Instrumente bzgl. verschiedener Kriterien, wie Zielgruppenrelevanz, Imagerelevanz, Kosten usw.

Beachten Sie bei der Ausarbeitung Ihres Aktionsplanes auch mögliche Synergieeffekte. Kann sich die eigene Arbeit in bereits bestehende Aktionen oder Veranstaltungen integrieren, sich an ihnen beteiligen? Gibt es weitere Aktionen zu Erneuerbaren Energien in der Region oder auf übergeordneter Ebene, an denen man teilnehmen kann? Ist eine Verbindung mit Nachbarregionen möglich? Gibt es eine Modellgemeinde oder ein Modellunternehmen in der Region, mit Veranstaltungen, an denen wir uns beteiligen können? Gibt es gute Beispiele, die sich für eine Nachahmung eignen, wodurch Entwicklungskosten gespart werden können?

Wichtige Instrumente und Maßnahmen von Kommunikationskampagnen sind beispielsweise:

- Pressearbeit,
- gedruckte Publikationen, wie Faltblätter, Broschüren, Poster, Newsletter etc.,
- Veranstaltungen, wie Feste, Informationsseminare, Messen etc.,
- Webseiten,
- eine telefonische Hotline.

Die folgenden Kapitel geben Hinweise zu einigen dieser Bereiche.

Kommunikationsplan

Eine Mustertabelle für die Entwicklung eines Kommunikationsplans finden Sie hier:

→ *www.100re.net*
Instrumente und Aktivitäten
Marketing –
Kommuniaktionsplan

Checkliste
Kommunikationsinstrumente

Eine Checkliste zur Bewertung und Auswahl verschiedener Kommunikationsinstrumente steht hier zur Verfügung:

→ *www.100re.net*
Instrumente und Aktivitäten
Marketing – Checkliste Kommunikationsinstrumente

3. Wiedererkennung, Aufmerksamkeit, Unverwechselbarkeit

3.1. Eine klare Aussage

Jede Initiative bzw. Kommunikationsstrategie sollte für ihre Aktivitäten eine zentrale Aussage oder eine Reihe kombinierbarer Aussagen entwickeln, mit denen sie in der Öffentlichkeit auftritt.

Diese Kernaussagen – transportieren punktgenau das Ziel der Initiative, wie zum Beispiel:

- „Eine Solaranlage auf jedem Dach"
- „Qualifizierte Nachfrage – qualifiziertes Angebot"
- „Wir wollen die Energiewende!"

Stilformen

Eine hilfreiche Liste mit unterschiedlichen Stilformen finden Sie unter:

→ *www.100re.net*
Instrumente und Aktivitäten
Marketing – Stilformen

Manchmal beinhalten die Kernaussagen auch den angepeilten Hauptnutzen:

- „Neue Energie(n) – neue Arbeit"
- „Zusammen kaufen – zusammen sparen"
- „Regionale Energie – und das Geld bleibt hier!"

Bei der Formulierung solcher Kernaussagen werden gerne überraschende Redewendungen oder Stilformen verwendet, um den Aufmerksamkeitsgrad zu erhöhen.

Außerdem sollten Sie bei der Auswahl eines Slogans folgende Kriterien im Blick haben:

- Treffend für die Initiative bzw. produkttypisch,
- kurz und einfach auszusprechen und zu lesen,
- leicht zu merken,
- zeitgemäß,
- einzigartig,

- mit positiven Assoziationen verbunden,
- Differenzierung gegenüber der Konkurrenz,
- Mitmach-Motivation bzw. Kaufanreiz,
- Schutzfähigkeit,
- für möglichst viele Kommunikationsmittel einsetzbar.

Wenn es diese Kernaussage gibt – was zu empfehlen ist – ist darauf zu achten, dass sich alle Aktivitäten und die Öffentlichkeitsarbeit einer regionalen Erneuerbare-Energie-Initiative auf sie beziehen. Falls die Aussage „Eine Solaranlage auf jedem Dach" lautet, sollte die Initiative alle Schritte auf dem Weg zu diesem Ziel dokumentieren und z.B. regelmäßig die installierte Gesamtfläche an Solaranlagen kommunizieren. Wäre die Aussage „neue Arbeit", sollte die Initiative über neue Arbeitsplätze oder eine erfolgreiche Herstellerfirma aus der Region berichten. Lautet das Ziel „Günstige Energie durch Einkaufsgemeinschaften", könnten die Ergebnisse der neuesten Rabattverhandlungen thematisiert werden.

Im Idealfall findet sich die Kernaussage direkt in jeder Art der Außenerscheinung der Erneuerbare-Energie-Initiative (z.B. in deren Logo) wieder. Aber auch, wenn dies nicht geschieht, sollte sich jeder Partner der Kernaussage bewusst sein und sie in Reden, Vorträgen, Veröffentlichungen und Gesprächen weiterverbreiten. Es muss ein zentrales Ziel der Verantwortlichen der regionalen Erneuerbare-Energie-Initiative sein, das gesamte Netzwerk zum Gebrauch der Kernaussage zu bewegen.

3.2. Das Logo

Erfolgreiche Kommunikation und in besonderem Maße erfolgreiches Marketing hängen von Wiedererkennung und Reputation ab. Dies ist der Grund, weshalb für Unternehmen und Kampagnen Logos kreiert und Markennamen geschaffen werden.

Schaffen Sie für Ihre Initiative ein attraktives Logo!

Nutzen Sie dieses Logo als „Qualitätssiegel"!

Es ist eines der wichtigsten Ziele, so viel von der zentralen Botschaft und den regionalen Besonderheiten in das Logo zu integrieren, wie möglich. Dennoch sollte das Logo nicht mit übermäßig vielen Informationen überladen werden.

Wichtiger ist es, eine schöne und einprägsame Grafik zu haben, möglicherweise in Kombination mit einem ansprechenden Slogan etwa wie „Die Sonne schickt keine Rechnung“, „solar turns me on" oder „Das Solardach – wo sich Umwelt und Wirtschaft verstehen."

Ein solches Logo kann sehr gut mit einem ein- oder mehrzeiligen Text verknüpft werden, der ein wenig mehr Informationen vermittelt. Auf jeden Fall lohnt es sich immer, für das Design des Logos und des Kampagnen-Materials, welches einheitlich gestaltet sein sollte („corporate design“), einen professionellen Designer einzubeziehen.

Ein Logo ist nicht nur ein kleines Bild oben rechts in der Ecke der Briefe; es verbindet alle Publikationen und Aktivitäten. Es ist auf Handzetteln, Fahnen, Werbegeschenken, der Webseite, als Türschild von Häusern mit Solardächern sowie in der Werbung der verschiedenen Partner zu finden.

Es wird nicht selten vorkommen, dass Partner ihren eigenen Markennamen und ihr Unternehmenslogo wichtiger finden als das Logo der gesamten Erneuerbare-Energie-Initiative. Diesen Partnern sollten die guten Gründe für das „co-branding“ dargelegt werden. Ein gemeinsam genutztes Logo kann für die eigene Marke ein zusätzlicher Beleg für hohe Qualität sein. Wieso sollte z.B. SONY sonst das Logo vorne auf seine Computer machen?

Insofern kann ein Logo beides befördern: Wiedererkennung und Anerkennung.

Ein Logo ist deshalb mehr als nur ein kleines Bild. Es kann auch ein Gütesiegel sein, das für die Qualität der Produkte und Aktivitäten im Rahmen der regionalen Erneuerbare-Energie-Initiative steht. Aus diesem Grund sollte sichergestellt werden, dass es nur qualifizierten und berechtigten Partnern erlaubt ist, das Logo zu nutzen. Auch sollte das Logo nur auf bewährten Produkten von hoher Qualität zu finden sein. Um dies sicherzustellen, sollten die Partner gemeinsam Kriterien für die Nutzung des Logos festsetzen und diesbezüglich einen Vertrag unterzeichnen.
Um die kriterientreue Nutzung des Logos zu überprüfen, kann eine formelle Kontrolle evtl. durch offizielle und vertrauenswürdige Stellen sinnvoll sein.

Einige Logo-Beispiele regionaler Erneuerbare-Energie-Initiativen

4. Materialien

Wer in der Öffentlichkeit präsent sein möchte, benötigt eine Vielfalt an Materialien, wie

- Infoblätter, Broschüren, Ratgeber und andere schriftliche Materialien,
- Plakate, Poster, Banner, Messetafeln etc.,
- so genannte Give Aways, wie Sticker, Stifte, usw.,
- Videos, CDs etc.

Der Phantasie sind hier grundsätzlich keine Grenzen gesetzt. Ein Blick auf das Budget, das regionalen Erneuerbare-Energie-Partnerschaften in aller Regel zur Verfügung steht, dürfte allerdings sehr schnell zu der Erkenntnis führen, dass Schwerpunkte zu setzen sind. Dazu eignet sich das oben vorgestellte AID-Schema sehr gut.

Lohnenswert ist gerade im Bereich Infomaterialien sicherlich auch der Blick über die Regionsgrenzen hinaus auf die übergeordnete Ebene. Besonders im Bereich grundlegender Information nach dem Motto „Was ist eigentlich Photovoltaik?" usw. existiert inzwischen eine Fülle an Faltblättern, Broschüren etc., die sicherlich nicht für jede Region wieder neu erfunden werden müssen. Vielleicht lässt sich ja in Absprache mit einer übergeordneten Energieagentur, einem Ministerium, einem Fachzentrum o.ä. unter Zusicherung eines entsprechenden Zitierschutzes das eine oder andere für die regionale Verwendung adaptieren.

Worauf regionale Erneuerbare-Energie-Initiativen allerdings genau achten sollten, ist die Verwendung des einheitlichen Corporate Design für alle Materialien, die sie herausgeben.

Es führt zu weit, an dieser Stelle alle möglichen Varianten von Materialien aufzulisten und zu kommentieren. Im Folgenden wird beispielhaft an einer Broschüre für „Ökoenergie in Gemeinden" gezeigt, welche Überlegungen anzustellen sind, wenn man die Erstellung von Infomaterialien plant.

Das GEWINN-Buch (Energiespar Ratgeber)

Dieser Ratgeber enthält geldwerte Tipps zum Energiesparen und konkrete Produkthinweise für sparsame Geräte etc. mit denen jeder private Haushalt bares Geld sparen kann. Bei Umsetzung der Maßnahmen errechnen sich jährliche Einsparmöglichkeiten von:

985 Euro für einen Single-Haushalt
1.261 Euro für einen zwei Personen-Haushalt
1.795 Euro für einen vier Personen-Haushalt

Herausgeber: Prof. Dr. Maximilian Gege, B.A.U.M. e.V.

→ *Informationen und Bestellmöglichkeiten (ab Juni 2006): www.baumev.de*

Checkliste Broschüre

Wichtige Hinweise in Form einer Checkliste für die Erstellung einer Informationsbroschüre.

→ *www.100re.net Instrumente und Aktivitäten Marketing – Checkliste Broschüre*

100RE.net

Beispiel:
Konzept für eine Broschüre „Ökoenergie in Gemeinden"

Zielgruppe:

- *Gemeindevertreter/innen (Bürgermeister/innen, Amtsleiter/innen)*
- *Energiebeauftragte, für Energiefragen zuständige Personen in Gemeinden*

Wichtigste Ziele der Broschüre:

Die Broschüre dient Gemeinden als begleitendes Instrument und zur Unterstützung bei der Realisierung von Energie-Effizienzmaßnahmen und Ökoenergie-Projekten und eignet sich besonders für jene Gemeinden, die schon einmal über Ökoenergie-Projekte nachgedacht haben. Gerade in diesem Fall soll sie ein zusätzlicher wichtiger Anstoß sein, Projekte umzusetzen. Gemeinden kommt auch eine wichtige Vorbildfunktion für ihre Gemeindebürger/innen zu. Hier kann die Broschüre ansetzen und aufzeigen, wie Gemeinden vorbildlich energieeffizient handeln können:

- *Motivation zur Umsetzung von Ökoenergie-Projekten,*
- *Information über verschiedene Einsatzmöglichkeiten von Ökoenergie in Gemeinden,*
- *Information über Energie-Effizienzmaßnahmen in Gemeinden,*
- *praktische Anleitung zur Umsetzung von Energie-Effizienzmaßnahmen und Ökoenergieprojekten in Gemeinden.*

Wichtige inhaltliche Themen:

- *Bewusstseinsbildung:*
  Die Broschüre soll vor allem bewusstseinsbildend wirken und Anstoß zu nachhaltigen Aktivitäten in der Gemeinde liefern. Da im Regelfall Gemeinden in ihrer „Arbeitsroutine" nicht über Energieeffizienz und Ökoenergie nachdenken, soll die Broschüre einen Anstoß geben, sich diesen Themen zu widmen und Interesse für die Umsetzung konkreter Projekte wecken. Wichtig ist es dabei, zu motivieren und anzuregen, über konkrete Projekte nachzudenken. Abbildungen und ein ansprechendes Layout sind daher wichtiger Bestandteil der Broschüre.

- *Information:*
  Neben der allgemeinen Bewusstseinsbildung ist die konkrete Information über Energieeffizienz und Ökoenergie wichtig. Viele Gemeinden haben keine Vorstellung, welche konkreten Aktivitäten durchgeführt werden könnten und welche Maßnahmen zu Energie- und Kosteneinsparung führen können.

- *Best practice Beispiele:*
  Ein wichtiger Bestandteil sind best practice Beispiele, die aufzeigen, wie bereits viele Gemeinden mit ganz unterschiedlichen Projekten Energie und Kosten sparen und Ökoenergie nutzen.

Mögliche inhaltliche Schwerpunkte der Broschüre können sein:

- *Allgemeine Information zu Biomasse- und Solartechnologien:*
  Information vor allem zu Biomasse (Hackschnitzel, Pellets, Nahwärme), Solarenergie, Photovoltaik und eventuell auch zu Biodiesel.
- *Anwendungsbereiche von Biomasse- und Solarenergie in Gemeinden:*
  Z.B. Biomasse-Nahwärme, Hackschnitzelanlagen, Solaranlagen für Warmwasser und Schwimmbad.
- *Beispiele für Ökoenergie-Projekte in Gemeinden:*
  Vorzeigebeispiele motivieren und regen zur Nachahmung an; sie sind daher ein wichtiger Bestandteil der Broschüre.
- *Energiebuchhaltung:*
  Ein wichtiger Schritt zu energieeffizienten Gebäuden sind die Aufzeichnung und Auswertung des Energieverbrauches. Die Energiebuchhaltung leistet hier wertvolle Unterstützung.
- *Energiekennzahlen:*
  Information über Energiekennzahlen für öffentliche und private Gebäude mit Beispielen für verschiedene Gebäudearten (Benchmarking).
- *Kommunale Energiekonzepte:*
  Grundlegende Information über die Erarbeitung und Umsetzung von kommunalen Energiekonzepten und Aktionsprogrammen.
- *Energierelevante rechtliche Bestimmungen:*
  Überblick über die wichtigsten rechtlichen Bestimmungen im Hinblick auf Energieeffizienz und Ökoenergie, die auch für die Gemeinde in ihrer Funktion als Behörde bedeutend sind.
- *Energie-Contracting und alternative Finanzierungsformen:*
  Erläuterung von Finanzierungs- und Betreibermodellen, wie vor allem Einspar- und Anlagen-Contracting.
- *Unterstützungsangebote für Gemeinden:*
  Information über weitere Informationsmöglichkeiten für Gemeinden.

Layout:

- *Viele Bilder und Graphiken, Originalzitate von Vorbildern der Zielgruppe.*

Auflage:

- *Eher gering, da sehr begrenzte Zielgruppe.*

5. Attraktive Veranstaltungen

In den Kapiteln II und III wurde bereits deutlich, dass im Zuge des Aufbaus der regionalen Erneuerbare-Energie-Partnerschaft und bei der Erarbeitung des Erneuerbare-Energie-Konzeptes immer wieder Veranstaltungen und Workshops sinnvoll sind, um die Netzwerkpartner einzubinden. Veranstaltungen attraktiv, motivierend und zugleich zielgerichtet durchzuführen, ist durchaus eine Kunst. Nicht umsonst existiert inzwischen der Beruf eines Eventmanagers.

Dieser Abschnitt gibt einige wichtige Hinweise zu zentralen Veranstaltungen im Rahmen des regionalen Erneuerbare-Energie-Prozesses.

Generell sollte man sich bei der Organisation von Veranstaltungen – gleichgültig ob Informationsabend oder Energiefest – stets bewusst sein, dass sie auch, oder gar vor allem, Instrumente der Öffentlichkeitsarbeit sind. Das Ziel jeder Veranstaltung im Rahmen Erneuerbarer-Energie-Initiativen sollte sein, Menschen zusammen zu führen und Interesse an einer Zusammenarbeit zu wecken. Manche Kulturkreise, wie Spanien und Italien, kommen mit ihrer Einstellung zu Events dem sehr entgegen. Anderenorts muss man erst noch lernen, dass **das angebotene Essen ebenso wichtig ist wie eine gelungene Präsentation.**

Kein Event kann auf die Bedürfnisse aller potenziellen Teilnehmer eingehen. Daher ist eine ziel- und zielgruppenorientierte Planung Voraussetzung für eine erfolgreiche Veranstaltung. Im Folgenden werden drei verschiedene Veranstaltungen mit Hinweisen zu Planung und Vorbereitung dargestellt, die im Rahmen regionaler Erneuerbarer-Energie-Prozesse vielfach vorkommen werden:

5.1. Auftaktveranstaltung

Planen Sie eine motivierende Auftaktveranstaltung im größeren Stil, nachdem die Initiatoren der regionalen Erneuerbare-Energie-Initiative bei wesentlichen Akteuren in der Region Interesse geweckt haben und sich eine erste Gruppe an Unterstützern und Schlüsselpartnern herauskristallisiert hat. Diese Ver-

- **Gehen Sie bei der Vorbereitung von Veranstaltungen stets auf die Bedürfnisse der Zielgruppe ein!**
- **Beginnen Sie mit einem Kick-Off Event mit Schlüsselakteuren und Multiplikatoren**
- **Führen Sie einen Leitbild-Workshop mit den Netzwerkpartnern durch!**
- **Organisieren Sie regelmäßig „Erneuerbare-Energie-Feste"!**

Checkliste Veranstaltungsorganisation

Wichtige Punkte die bei der Vorbereitung von Veranstaltungen zu beachten sind:

→ *www.100re.net Instrumente und Aktivitäten Marketing – Checkliste Veranstaltungen*

anstaltung richtet sich an Schlüsselakteure und Multiplikatoren. Sie sollte aber auch die Presse auf irgendeine Art einbinden, da es vermutlich gleichzeitig der erste öffentliche Auftritt der neuen Partnerschaft im größeren Stil sein wird.

Bei der Veranstaltung geht es im Wesentlichen um die öffentliche Konstitution des regionalen Erneuerbare-Energie-Netzwerks, die am besten durch eine gemeinsame Willenserklärung oder Resolution untermauert wird. Sie hat weniger den Charakter eines Arbeitstreffens als den eines Festaktes.

Sie könnten bekannte Persönlichkeiten aus der Region einladen und die wichtigsten Unterstützer bitten, Vorträge zu den Leitmotiven zu halten. Die renommiertesten Vertreter der einzelnen Partnerorganisationen sollten eine kurze Rede halten, in der die Motivation und mögliche positive Ergebnisse aus ihrer Sicht dargelegt werden. Eine solche Kick-Off Veranstaltung sollte nicht länger als drei Stunden dauern – inklusive der Verköstigung!

Im Vorfeld eines derartigen Events sind eine Reihe von Dingen zu erledigen:

- Auswahl eines geeigneten Veranstaltungsorts.
- Sicherstellen, dass keine zeitlichen Überschneidungen mit anderen wichtigen Veranstaltungen (wichtige Fußballspiele, Musikfestivals, Wahlen) bestehen.
- Eine politisch korrekte, aber dennoch nicht zu umfangreiche Auswahl an Rednern zu den Leitmotiven treffen.
- Einbindung eines professionellen Moderators.
- Information und Einladung der lokalen Presse.
- Briefing der Redner zu den Zielen der Initiative. Unterstützung durch Hintergrundinformationen (Informationen zu Potenzialen, Zahlen etc.), ggf. Unterstützung bei der Vorbereitung einer professionellen Präsentation.
- Auswahl und Briefing eines Hauptredners, der ggf. von außerhalb der Region kommt, möglicherweise ein bekannter TV-Moderator oder Schauspieler der Bezug zur Thematik Erneuerbare Energie besitzt. Auch ein hervorragender Redner aus einer erfolgreichen und sehr bekannten Erneuerbare-Energie-Region wäre denkbar.
- Vorbereitung einer kurzen und pointierten Rede zu den Zielen, zur Organisation und zu den erwarteten Ergebnissen der Initiative inklusive des Aktions- und Zeitplans.

- Bereitstellung von (regionalem!) Essen und Getränken.
- Ggf. Vorbereitung einer kleinen aber eindrucksvollen Ausstellung.
- Vorbereitung einer Tagesordnung und eines Terminvorschlags für einen Leitbild-Workshop.

5.2. Leitbild-Workshop

Der Leitbild-Workshop hat im Vergleich zur Auftaktveranstaltung eher Arbeitscharakter. Er richtet sich an die Akteure des in Kapitel III dargestellten Unterstützernetzwerks. Zu den Teilnehmern sollten alle beschriebenen potenziellen Partner zählen: Vertreter der regionalen Wirtschaft, von Umweltverbänden und anderen interessierten NGOs, Vertreter der öffentlichen Verwaltung usw. Ein derartiger Workshop kann zwischen einem halben Tag und eineinhalb Tagen dauern. Dabei gibt es zwei Hauptziele.

- Gemeinschaftsbildung und Festlegung von gemeinsamen Leitsätzen,
- Qualifizierung von aktiven Partnern durch Hintergrundinformation zu aktuellen und zukünftigen Trends, Förderprogrammen etc.

Typische Arbeitsschritte im Vorfeld eines Leitbild-Workshops sind:

- Auswahl eines Veranstaltungsorts, der sowohl für professionelle Präsentationen als auch für Gruppenarbeit geeignet ist.
- Einbezug eines oder mehrerer erfahrener Moderatoren, um die Vorbereitung der Veranstaltung zu unterstützen, einen Arbeitsplan bereitzustellen und die Durchführung des Treffens zu begleiten.
- Einladung und Briefing der Redner zu den Zielen der Initiative. Bitten Sie die Redner, ihr Know-how auf die Ziele und Problemstellungen der Region anzuwenden und konkrete Potenziale und Leistungen herauszustellen!
- Organisation einer Pressekonferenz im Anschluss an die Veranstaltung.

Eines der Ziele eines derartigen Treffens kann die Bildung von Arbeitskreisen sein, die künftig die Initiative weiterentwickeln sollen. Stellen Sie sicher, dass die Teilnehmer bereits jetzt ein konkretes Gemeinschaftsprojekt erarbeiten: Eine Reihe von weiteren Seminaren, den Entwurf eines Logos, ein Energiefest im kommenden Sommer etc. Vor allem aber stellen Sie sicher, dass Verantwortlichkeiten geklärt sind, bevor sich die Veranstaltung auflöst.

Im weiteren Verlauf des regionalen Prozesses wird es immer wieder Veranstaltungen und Workshops in ähnlichem oder auch kleinerem Rahmen geben (z.B. zur Erarbeitung und Auswahl von Projekten und Maßnahmen, zur Zwischenbewertung des Prozesses und der Partnerschaft usw. – vgl. dazu auch Kapitel II).

5.3. Feste

Bild: ZIEL 21 e.V.

Neben den eher arbeitsorientierten Veranstaltungen und Treffen, die im Laufe des Prozesses zur Bildung und Stabilisierung der Partnerschaft und zur Erarbeitung und Umsetzung des Konzeptes notwendig werden, sind weitere Infoveranstaltungen, Seminare und Festveranstaltungen denkbar. Ein „Erneuerbare-Energie-Fest" kann beispielsweise jährlich dazu dienen, auf gesellige und spielerische Art und Weise das Thema Erneuerbare Energien zu kommunizieren und neue Interessenten, Unterstützer und Netzwerkpartner zu gewinnen. Es richtet sich somit an ein weit gefächertes Publikum. Ein derartiges Event kann Erneuerbare-Energie-Technologie und die Regionalinitiative auf sehr kreative und attraktive Weise präsentieren. Sie sollten allerdings sicherstellen, dass

100RE.net

Beispiel: Energiefest Fürstenfeldbruck, (Bayern, Deutschland)

In Bayern sind Vereinsfeste und Jahrestage von Gemeinden oder Städten an der Tagesordnung. In nahezu allen Gemeinden und Städten finden regelmäßig Festveranstaltungen statt, meist in großen Bierzelten nahe des Ortes. Traditionelle Blasmusik, Bier und regionales Essen prägen diese traditionellen Feste. Dazu gehört meist auch ein Jahrmarkt mit Karussell und Spielattraktionen rund um das Festzelt. Die gesamte Dorfbevölkerung nimmt am Fest teil.

Diesen Stil der Feste hat die Erneuerbare-Energie-Initiative ZIEL 21 im Konzept für ihre so genannten Energiefeste übernommen. Ein solches Fest kann in Verbindung mit ohnehin stattfindenden Festaktivitäten in den Gemeinden und Städten stattfinden. Die regionalen und traditionellen Feste bieten einen vertrauten, altbekannten Rahmen um ein neues und unbekanntes Thema wie die Erneuerbaren Energien. So werden in entspannter und fröhlicher Atmosphäre die ernsten Themen Klimaschutz und Energiewende an die Landkreisbevölkerung transportiert. Motivation kann geweckt und eine aktive Teilnahme an der Energiewende soll bewirkt werden.

So entsteht ein „niedrigschwelliges" Angebot für alle Altersgruppen. Die Menschen müssen sich nicht aktiv auf den Weg machen, um Informationen zu einer nachhaltigen Energieversorgung zu erhalten, sondern sie werden in ihrer täglichen Umgebung angesprochen. Die Energieinformation wird in den Heimatort getragen.

Informationen: www.energiefest.de, www.ziel21.de

die Veranstaltung nicht zu einer bloßen Technologieschau gerät. Bitten Sie Ihre Partner, deren Technologie vorzustellen und unterstützen Sie sie dabei – versuchen Sie dabei die **Balance zwischen Ernsthaftigkeit und Spaß** zu halten.

Bedenken Sie dabei immer, dass das Fest auch den bereits bestehenden Partnern „etwas bringen soll" und diese durch eine erfolgreiche Veranstaltung neue Motivation für die weitere Arbeit tanken können.

Ein Fest als Veranstaltungsform ist äußerst geeignet, Hemmschwellen und Berührungsängste von Menschen abzubauen – auch gegenüber neuen Ideen. Bei einer entsprechenden Gestaltung wird „das Neue" den Menschen in einer für sie gewohnten und gleichzeitig zwanglosen Atmosphäre präsentiert.

Im Zusammenhang mit Energiefesten und anderen Veranstaltungen sind den Autoren bei der Recherche vielfältige Ideen für Attraktionen aufgefallen, die ein solches Event aufwerten können. Einige davon sind im Folgenden aufgelistet:

- Ein Verkaufsstand mit Solarkaffee, ein Solar-Eiscreme-Stand oder ein Solar-Bierkühler.
- Eine Attraktion für große Veranstaltungen ist ein solar gesteuerter Zeppelin. Das Luftschiff kann beispielsweise über dem Veranstaltungsort kreisen und das Thema Erneuerbare Energien weithin sichtbar kommunizieren. Die Ausstattung mit einem ferngesteuerten Korb ist möglich, von dem per Knopfdruck Handzettel, Lose oder ähnliches abgeworfen werden können. Zudem kann am Zeppelin eine 360°-Kamera angebracht werden, die Bilder auf eine Leinwand überträgt.
- Ebenfalls für größere Veranstaltungen geeignet ist ein Fesselballon, der in einer gewissen Höhe schwebend eine weithin sichtbare Botschaft trägt.
- Fahrten mit einem Solarboot oder Solarfahrrad.
- Ein durch Menschenkraft betriebenes Karussell, das durch Sonnenenergie unterstützt wird.
- Ein Wettbewerb „Wer hat die älteste Heizungsanlage?" mit „Siegerehrung" auf dem Fest.

Bilder: ZIEL 21 e.V.

Es sind verschiedenste Varianten von attraktiven Veranstaltungen zu Erneuerbaren Energien denkbar.

100RE.net

Beispiel:
Tag der Erneuerbaren Energien

Der Tag der Erneuerbaren Energien ist eine deutschlandweite Initiative, die erstmals zum 10. Jahrestag der Reaktorkatastrophe von Tschernobyl die verschiedenen Nutzungsarten einer nachhaltigen Energiewirtschaft präsentierte. Betreiber von alternativen Energieanlagen öffnen ihre Türen, um interessierten Bürgern einen Eindruck in die Energietechnik des Erneuerbare-Energie-Zeitalters zu geben. Im Rahmen dieses bundesweiten Aktionstages gibt es zahlreiche lokale und regionale Programmangebote in den einzelnen Bundesländern.

Das Grundprinzip ist einfach: Praktiker geben einen Einblick in die Erfahrungen mit der neuen Technik und deren vielfältigen Möglichkeiten. Daneben gibt es Messen, Diskussionsrunden und andere Veranstaltungen.

Die Aktion wurde 1996 durch die Stadt Oederan im Erzgebirge ins Leben gerufen, die seitdem auch die bundesweite Koordination durchführt. Die Teilnehmerzahlen steigen jährlich, wie auch das Interesse der Bürger.

Informationen unter www.energietag.de

100RE.net

Beispiel:
Energie-Radltour im Brucker Land

„Wasser, Erde, Feuer, Luft – Energie ist überall!" Unter diesem Motto fand am 24. April 2004 die erste Energie-Radltour statt, welche auf einer Strecke von 15 Kilometern quer durchs Brucker Land im Umland von München führte und allen Teilnehmern - ob groß oder klein - half, das Thema „Erneuerbare Energien" greifbar zu erleben.

Veranstalter dieses Erlebnisses waren die Initiative ZIEL 21, das Agenda 21-Büro des Landkreises und der ADFC (Allgemeiner Deutscher Fahrrad Club).
Während der Tour wurden Informationen zu Windkraft vermittelt, Windräder selbst gebastelt sowie das Grillfeuer per Feuerstein entzündet, um letztendlich Wärme, Würstchen und Stockbrot genießen zu können.

Informationen unter www.ziel21.de

Bild: ZIEL 21 e.V., Birgit Baindl

Beispiel:
Solar Car Race Phaethon 2004 Hellas

Vom 22. bis 29. Mai 2004 fand in Griechenland das Solarmobilrennen Phaethon 2004 statt. Genauer gesagt handelte es sich um zwei unabhängige Veranstaltungen, und zwar ein Rundkursrennen und eine Rallye. Auf der Rennstrecke galt es, entweder in festgelegter Zeit eine möglichst große Entfernung zurückzulegen oder eine vorgegebene Strecke möglichst schnell hinter sich zu bringen.
Sehr eindrucksvoll klingt die Streckenführung der Rallye: Nach dem Start im Olympischen Stadion von Athen führte die Tour über die Hafenstadt Patras zum antiken Olympia und schließlich über Itea und Delphi zurück nach Athen. Dabei wurden insgesamt 795 km zurückgelegt.

Informationen unter www.phaethon2004.org

6. Zielgruppe Kinder und Jugendliche

Bei der Förderung Erneuerbarer Energien, bei Maßnahmen zur Steigerung der Energieeffizienz und beim Energiesparen ist Akzeptanz und Unterstützung aus der Bevölkerung, quer durch alle sozialen Gruppen, die wichtigste Grundvoraussetzung. Um dies zu erreichen, spielen auch Aktivitäten mit Kindern und Jugendlichen in und außerhalb von Schulen eine wichtige Rolle. Über solche Aktivitäten erreicht man nicht nur die Kinder selbst und ihre Familien, sondern auch die Öffentlichkeit (über entsprechende Presseberichte) sowie das Kollegium der Schule.

Ziel von Bildungsprojekten und -aktionen mit Kindern und Jugendlichen ist es, ihr Wissen zu den Themen Energieeffizienz, Erneuerbare Energie und Klimaschutz zu verbessern und ihr Interesse für diese Themen zu steigern. Dies soll dazu beitragen, das energierelevante Verhalten der Familien der Kinder zu beeinflussen und ihr Bewusstsein als Konsumenten zu steigern. Vor allem aber sollen den Kindern Erneuerbare Energien und Energiesparen von klein auf als eine Selbstverständlichkeit und Alltäglichkeit nahe gebracht werden. Wenn die Aktionen entsprechend ausgerichtet sind, können sie auch zur Vorbereitung der Kinder auf ihre Aufgabe als aktive Mitglieder der Gesellschaft mit Gestaltungsmöglichkeiten für die Zukunft beitragen.

Dabei ist es wichtig, in den Aktionen und Bildungsveranstaltungen für Kinder und Jugendliche nicht nur Wissen zu vermitteln, sondern vor allem Erlebnisse zu schaffen, den Kindern die Möglichkeit praktischer Erfahrungen mit dem Thema zu geben und sie selbst aktiv gestalten zu lassen (vgl. nachfolgendes Beispiel WorldEnergySchool).

Wichtige Punkte, die bei der Umsetzung von Bildungsprojekten zu Energieeffizienz, Erneuerbaren Energien und Klimaschutz zu beachten sind, haben die Autoren des Kids4Energy in einem „Best Practice Guide" zusammengetragen. Sie werden im Folgenden zusammenfassend dargestellt:

Leitfaden kids4energy

Der effiziente Umgang mit Energie und die Nutzung von erneuerbaren Energien sind die Themen des EU Projektes „Kids4Energy". Aus ganz Europa wurden Projekte mit Kindern evaluiert. Die Ergebnisse sind in einem Leitfaden zusammengestellt. An dem Projekt sind zehn Organisationen aus neun europäischen Ländern beteiligt, die auch in Zukunft ein Netzwerk zum Thema bilden möchten.

Infos und Download des Leitfadens:

www.kids4energy.net/

KiDS 4 Energy

- Aktive Beteiligung ist ein Schlüsselelement für den Erfolg einer Aktion. Kinder und Jugendliche lernen schneller und besser, wenn sie sich an Aktionen aktiv beteiligen und etwas beitragen können.
- Humor
  Spaß und Freude beeinflussen den Erfolg an einer Aktion direkt oder indirekt. Sie stärken die Überzeugungskraft einer Aussage und tragen so zum Gelingen einer Energiespar- oder Erneuerbare-Energie-Aktion mit Kindern bei.
- Arbeit mit Lehrern
  Hat man sich für ein Schulprojekt entschieden, so ist es unerlässlich, die Lehrer zu motivieren bei der Aktion mitzumachen. Dabei ist es besonders wichtig die Spielregeln und Abläufe in der jeweiligen Schule zu kennen, aber auch, sich über mögliche Bedenken der Lehrer Gedanken zu machen und diese zu beseitigen.

Beispiel „Solar und Spar" 100.000 Watt-Solar-Initiative für Schulen in Nordrhein-Westfalen, Energieschule 2000+

Die zentrale Idee der 100.000 Watt-Solar-Initiative ist es, pro Schüler der beteiligten Schulen 50 Watt aus Solar-Energie zu gewinnen und 50 Watt mit neuen effizienten Beleuchtungssystemen einzusparen. Bei Schulen mit 1000 Schülern ergibt das eine Leistung von 100.000 Watt, die eingespart beziehungsweise durch Solarenergie ersetzt werden.

Das Besondere an diesem Projekt ist die Realisierung durch Beteiligung interessierter Lehrer, Schüler, Eltern und weiterer Bürger. Diese können sich finanziell (als stille Teilhaber) an den Projekten beteiligen und profitieren durch jährliche Gewinnausschüttungen vom Erfolg der Maßnahmen.

Das Pilotprojekt am Aggertal-Gymnasium in Engelskirchen konnte innerhalb eines Jahres erfolgreich abgeschlossen werden.

Info unter www.solarundspar.de/.

- Bereitstellen von Materialien für den Unterricht, Projekttage oder ähnliches. Dabei zeigt die Erfahrung, dass Qualität und Lernerfahrung am besten sind, wenn die Materialien individuell von den Lehrern kombiniert und erweitert werden.
- Aufrichtigkeit und Ehrlichkeit
  Ehrliches Interesse an den Kindern und Begeisterung für die Themen, um die es in der Aktion geht, sind ein zentraler Faktor für den Erfolg.

- Nachhaltigkeit
  Möchte man nachhaltig eine Änderung des Verhaltens hinsichtlich des Energieverbrauchs erreichen, so sollten auch die Projekte langfristig angelegt sein. Wiederholungen von Aktionen bringen meist auch den Vorteil, dass der Arbeitsaufwand immer geringer, das Ergebnis aber immer besser wird.
- Zusammenarbeit mit Kommunen als Multiplikator und Vermittler zu den Schulen, Kindergärten und anderen öffentlichen Einrichtungen.
- Zusammenarbeit mit anderen Projekten
  Nutzen von Synergieeffekten zwischen „Bildungsprojekten" ähnlicher Thematik.

Schulen unternehmen Zukunft

Einen Instrumenten- und Methodenkasten für Projekte mit Schulen im Kontext nachhaltigen Wirtschaftens mit Methoden z.B. für Projektarbeiten, Zukunftswerkstätten und -konferenzen sowie Rollenspiele bietet der Internetauftritt des Projektes Schulen unternehmen Zukunft.

► *www.kurs-21.de*

Beispiel: „Fifty-Fifty", Hamburg (Deutschland), „Energie und Schulen" und Modena (Italien) Schulen verdienen mit Energie- und Wassersparen

Dieses Energiesparprojekt ist leicht zu realisieren und kann unabhängig von den Rahmenbedingen im jeweiligen Land umgesetzt werden. Schulen werden motiviert, Energie- und Wasser zu sparen, indem ein finanzieller Anreiz geschaffen wird. Die Hälfte der eingesparten Energieausgaben wird der jeweiligen Schule als Prämie zur Verfügung gestellt. Die Stadtkasse wird außerdem um die Hälfte der eingesparten Beträge entlastet.

Das Projekt „Fifty-Fifty" wurde von der Umweltbehörde des Landes Hamburg angestoßen und koordiniert. Aktiv beteiligt waren seit Oktober 1994 die Schulbehörde, diverse Medien und 24 Schulen. Später wurden weitere 16 Schulen in den Modellversuch integriert, der seit Januar 1997 zum Dauerprojekt geworden ist, an dem jede Hamburger Schule teilnehmen kann.

Das Einsparpotenzial an Energie und Wasser an Hamburger Schulen lag im Modellzeitraum von 3 Jahren bei rund 10 %, die ausschließlich über Verhaltensänderungen erreicht wurden. Das entspricht insgesamt eingesparten Kosten von ca. 900.000 €. Der Erfolg dieses Projektes erklärt sich aus der geschickten Kombination von pädagogischen Maßnahmen und finanziellen Anreizen.

Zu den Maßnahmen an den Schulen zählen Schulungen für Hausmeister über die Beobachtung des Ressourcenverbrauchs und Einsparmöglichkeiten, das Anbringen von Thermometern in Klassenzimmern und die Integration des Themas Wasser- und Energiesparen in den Unterricht.

Ein ähnliches Projekt wurde 2001 von der Provinz Modena (Region Emilia-Romagna, Italien) der Stadt Modena und der lokalen Energieagentur AESS gestartet. Auch hier erhalten die Schulen die Hälfte der von ihnen eingesparten Energiekosten erstattet. In dem Vertrag zwischen Schule und Verwaltung wird festgelegt, dass die Themen Energiesparen und Erneuerbare Energien im Lehrplan aufgenommen werden, dass durch verbesserte Information eine Verhaltensänderung bei Schülern und Lehrern erzielt werden soll und dass die Schule bei diesen Maßnahmen inhaltlich und technisch von der Verwaltung unterstützt wird. Sieben Schulen beteiligten sich zunächst an dem Projekt. Im ersten Jahr verdienten die einzelnen Schulen zwischen 200 und 10.000 Euro.

Info unter: www.hamburger-bildungsserver.de, www.comune.modena.it/impianti

Beispiel: World Energy School – Nordrhein-Westfalen

Das Projekt „Word Energy School" ist ein Projekt der Agenda 21 in Nordrhein-Westfalen. Durch das Engagement von Schülern in fünf Städten wurde ein Netzwerk an Schüler-Energieanlagen in NRW aufgebaut. Im Sinne des Nachhaltigkeitsgedankens ermöglicht das Projekt zudem die Unterstützung von Erneuerbare-Energie-Projekten in Ländern des Ostens und Südens.

In den Städten Gelsenkirchen, Hamm, Münster, Rheine und Solingen beteiligen sich 25 Schulen aller Schulformen an dem Projekt „World Energy School", das von dem gemeinnützigen Verein „Süd-Nord-Ost-West-Netzwerk S-N-O-W e.V." initiiert wurde. Die Schüler werben an „Energietagen" mit Aktionen Sponsoren und Spendengelder ein. 2000 fand zum Beispiel das erste Mal der (Um-)Welt-Sponsorenlauf in Gelsenkirchen statt, an dem sich die Schüler mehrerer Schulen beteiligten. Für jede gelaufene Runde auf dem Sportplatz zahlten Eltern, Verwandte und Firmen einen vorher vereinbarten Geldbetrag. In den ersten beiden Jahren der Sponsorenaktion wurden insgesamt ca. 60.000 Euro gesammelt.

50 % der Gelder fließen in schulinterne Projekte, wie eine Solaranlage auf dem Dach der Schule. Der Rest wird in Schülergemeinschaftssolaranlagen in der jeweiligen Kommune investiert. Die erwirtschafteten Gewinne werden für Erneuerbare-Energie-Projekte in Afrika, Asien, Lateinamerika und Osteuropa verwendet. So beteiligten sich die Schüler bereits an der ersten Schüler-Windkraftanlage der Welt in der Nähe von Münster und an neun Gemeinschafts-Solaranlagen. In Afghanistan konnten sie mit ihren Mitteln die Bildungsmöglichkeiten afghanischer Schülerinnen und Schüler verbessern, indem sie eine Solaranlage auf dem Dach einer Schule finanzierten, um die Energieversorgungssituation für das Gebäude zu verbessern. Auch in Zukunft sollen ähnliche Energieprojekte unterstützt werden.

Unterstützt wurde das Projekt jeweils von lokalen Agenda-Geschäftsstellen. Finanzielle Förderung kam von der nordrhein-westfälischen Landesregierung.

Info unter: www.world-energy-school.de

Beispiel: Kinder sammeln Klimameilen in Schleswig-Holstein - Deutschland

Zum Sammeln der Grünen Meilen erhält jedes Kind ein kleines Album, in dem es eine Woche lang seine umweltfreundlich zurückgelegten Wege in Form von Verkehrsmittel-Aufklebern sammelt. Wie viele Meilen die Kindergartengruppe bzw. die Schulklasse insgesamt gesammelt hat, kann auf einem extra Grüne-Meilen-Sammel-Plakat für alle Kinder sichtbar dokumentiert werden.

Neben dem Sammeln von Klimameilen können die Kinder als „Verkehrsdetektive" aktiv werden. Mit Fragebögen ausgestattet, spüren sie gefährliche Kreuzungen auf, stoppen Rot-/Grünphasen an Ampeln oder beurteilen ihre täglichen Rad- und Fußwege.

Eigenständig suchen die Kinder nach Lösungen, die sie mit Zeichnungen oder auf Fotos festhalten. So entstehen Verkehrsgutachten aus Kindersicht, die der Kommunalverwaltung übergeben werden. Sie können für die lokale Verkehrsplanung von großem Nutzen sein.

Auf der Abschlussveranstaltung am 5. Juni 2005 in Kiel wurden alle gesammelten Meilen sowie die Ideen und Lösungsvorschläge der Kinder aus ganz Schleswig-Holstein präsentiert, um der Öffentlichkeit zu zeigen, welche Anstrengungen Kinder aus Schleswig-Holstein bereits zur Umsetzung des Kyoto-Protokolls sowie zum Ziel nachhaltiger Mobilität unternommen haben und wie ernst es ihnen mit dem Schutz des Weltklimas ist.

Infos & Materialien zur Kindermeilen-Kampagne gibt es unter www.kindermeilen-sh.de.

100RE.net

Beispiel:
Energie-Schau-Straße –
Energie-Luchs-Geschichten
Mureck (Steiermark, Österreich)

Der „Energie-Luchs" ist ein schlaues schützenswertes Tier mit feinen Pinselohren, sogenannten Antennen, die aussenden und empfangen. Der Luchs ist die größte freilaufende Wildkatze Mittel- und Osteuropas und ist geschützt!

Wie kann man den Kleinsten in unserer Gesellschaft das komplexe Thema der Nachhaltigkeit und der Erneuerbaren Energie näher bringen?

Die Idee der Organisatoren der Energie-Schau-Strasse war es, dies mit Hilfe von Märchen zu tun. Märchen sind ein Weg die Vorstellungskraft der Kinder zu unterstützen!

Das Maskottchen, der Energie-Luchs, wird zur Märchenfigur und die Schüler und Schülerinnen können rund um ihn eigene Märchen erfinden. Das erste Projekt „Energie-Luchs-Geschichten" wurde bereits erfolgreich von der Volksschule Mureck umgesetzt.

Infos unter: www.energieschaustrasse.at

→ Versuchen Sie möglichst häufig durch redaktionelle Beiträge in den Lokalzeitungen präsent zu sein!

→ Bauen Sie eine gute Beziehung zu den Redakteuren und Journalisten der Lokalpresse auf!

→ Beziehen Sie die Netzwerkpartner durch Schulung in die Medienarbeit mit ein, damit sie Ihre Arbeit unterstützen können!

7. Optimierung der Medienpräsenz

Die Öffentlichkeitsarbeit hat das Ziel, Interessenten an Erneuerbarer Energie, potenziellen Nutzern, Anbietern und Netzwerkpartnern gezielt Informationen über die Initiative und Erneuerbare Energien im Allgemeinen zu liefern. Zu einer gelungenen Öffentlichkeitsarbeit zählt auch die Pressearbeit. Pressearbeit ist sehr arbeitsintensiv, denn die Presse filtert viele Informationen, die die Zielgruppe erreichen sollen. Allerdings ist sie nach wie vor eine von vielen Menschen genutzte Informationsquelle.

Lokale und regionale Medienpräsenz ist für eine Erneuerbare-Energie-Initiative lebenswichtig. Will man dies durch Anzeigen in den Lokalzeitungen erreichen, wird es eine sehr teure Angelegenheit. Also sollten Sie versuchen, möglichst häufig **durch redaktionelle Beiträge in Erscheinung zu treten.** Gleichzeitig gilt es dabei zu berücksichtigen, dass redaktionelle Beiträge eine wesentlich höhere Glaubwürdigkeit genießen als offensichtlich bezahlte Anzeigen.

Es gibt zahlreiche Gelegenheiten, Journalisten auf die Erneuerbare-Energie-Initiative aufmerksam zu machen und sie mit den neuesten Informationen zu versorgen:

- Die Einrichtung einer neuen Organisationsstruktur für die Initiative,
- die Eröffnung einer RE-Pilotanlage,
- ein Solarfest innerhalb einer Kommune oder eine andere Veranstaltung,
- die Prämierung eines „Solarkönigs" unter den Handwerkern durch z.B. den Bürgermeister,
- die Darstellung von Förderprogrammen, insbesondere Neuauflagen,
- ein Wettbewerb mit Preisverleihung,
- eine gute Platzierung der Region in einer „Erneuerbaren-Energie-Liga" (z.B. Solarbundesliga),
- ein neuer Sponsor.

All diese Ereignisse können für Tageszeitungen, Stadtmagazine, Anzeigenblätter, Mitarbeiterzeitungen, das Fernsehen und den Hörfunk von Interesse sein.

Diese Medien sind wichtige Multiplikatoren. Sie geben Informationen an potenzielle Interessenten weiter und genießen vielfach ein hohes Ansehen.

7.1. Der Medienplan

Das Management einer Erneuerbaren-Energie-Initiative sollte im Bereich Medienarbeit sehr kompetent sein. Stellen Sie regelmäßig einen Medienplan auf, um sicherzugehen, dass stets genug Material für die Berichterstattung vorliegt.

Ein solcher Plan sollte die Pressearbeit für die Erneuerbare-Energie-Initiative strukturieren, anschaulich darstellen und Zuständigkeiten festlegen. Dabei spielen folgende Inhalte eine zentrale Rolle:

- Ankündigung und Berichterstattung über Veranstaltungen (Seminare, Feste, Messestände, etc.),
- Termine für Pressekonferenzen und Informationsfahrten für Journalisten (zum Beispiel Touren mit Mitgliedern der RE Initiative in andere Regionen oder Städte oder zu eindrucksvollen Anlagen in der Region),
- Zeitplan zu spezifischen Aktivitäten wie Wettbewerben oder anderen öffentlichkeitswirksamen Aktivitäten,
- wichtige Termine aus der Pressearbeit der verschiedenen Netzwerk mitglieder.

Dieser Plan kann, wenn er entsprechend aufbereitet ist, an die regionalen Medien weitergegeben werden, zusammen mit dem Angebot, für Interviews zur Verfügung zu stehen und Hintergrundinformationen bereit zu halten. Alle Partner sollten das Koordinationsbüro bzw. die Presseverantwortlichen bei ihrer Medienarbeit unterstützen. Regelmäßige PR-Seminare mit professionellen Referenten für die Netzwerkpartner können die Qualität dieser Unterstützung erhöhen.

7.2. Standardinstrumente der Medienarbeit

Eine wichtige Voraussetzung für eine erfolgreiche Medienarbeit sind Kenntnisse über und das Verständnis für den Arbeitsalltag von Journalisten. Auch wenn es bei Standardinstrumenten sehr auf ein routiniertes und professionelles Auftreten ankommt, ist ein guter Draht zu den entscheidenden Medienvertretern oftmals der wesentliche Grund für Erfolge in der Pressearbeit. Dies bedeutet nicht, Medienvertreter mit Anrufen und Meldungen zu bombardieren. Wichtig ist lediglich, dass Sie ihnen klar machen, wer in Sachen Erneuerbare Energie unkompliziert, umfassend, aktuell und die Region betreffend informiert. Eine Möglichkeit dazu bietet beispielsweise ein informelles Pressegespräch. Ebenso unerlässlich ist es, eine Liste über alle relevanten Medien vor Ort anzulegen und diese regelmäßig zu aktualisieren: Wie ist die Redaktion aufgebaut? Wer sind die Ansprechpartner? Welche Rubriken für Serien bestehen? Wer nutzt das Medium?

Standardinstrumente der Medienarbeit sind:

- Pressemitteilung,
- Pressefotos und -graphiken,
- Text mit Hintergrundinformationen,
- Datenblatt,
- Interview.

Checkliste Pressemitteilung

Unterstützung für die Erstellung und Verbreitung von Pressemitteilungen sind in dieser Checkliste vereint.

→ *www.100re.net*
Instrumente und Aktivitäten Marketing – Checkliste Pressemitteilung

Die Pressemitteilung

Die Pressemitteilung ist das am häufigsten eingesetzte Instrument der Pressearbeit. Da die Redaktionen mit Pressemitteilungen überschüttet werden, ist es wichtig, einige grundsätzliche Regeln zu beachten:
Prinzipiell muss eine Pressemitteilung kurz gehalten, aktuell und glaubwürdig sein. Sie sollte einen Neuigkeitswert, d.h. einen aktuellen Aufhänger (z.B. Veranstaltung, Veröffentlichung, Personalie) haben, ausschließlich überprüfbare Fakten enthalten und einen lokalen Bezug aufweisen. **Die sechs „w" (wer, was, wann, wo, wie, warum)** sollten durch eine Pressemitteilung immer beantwortet werden.

Pressefoto und -grafiken

Lassen Sie Pressefotos von einem professionellen Fotografen machen. Alle Aufnahmen, wie z.B. von Gebäuden, Solaranlagen oder Veranstaltungen, müssen aussagekräftig und richtig ausgeleuchtet sein. Die zweckmäßige Größe ist 10x15 cm, bei digitaler Lieferung: Auflösung von 300dpi. Sollten Sie das Foto per E-mail versenden, achten Sie auf eine angemessene Dateigröße oder stellen Sie das Foto auf Ihrer Interseite zum Download bereit.

Grafiken und Illustrationen, die in Farbe angelegt werden, sollen auch bei schwarz/weiß-Wiedergabe übersichtlich und verständlich sein. Erkundigen Sie sich vorab bei dem Ansprechpartner des jeweiligen Mediums über das richtige (Datei-)Format für Bilder und Grafiken.

Checkliste Pressefoto und Grafiken

Eine Checkliste für den richtigen Einsatz von Bildmaterial finden Sie im Internet:

→ *www.100re.net*
Instrumente und Aktivitäten
Marketing – Checkliste
Pressefoto und Grafiken

Pressemappen

Eine Pressemappe wird in der Regel auf Veranstaltungen oder Pressekonferenzen verteilt. Sie enthält alle Informationen und Arbeitshilfen, die für Journalisten wichtig sind. Obenauf sollte die Pressemitteilung liegen. Auch Datenblätter, Hintergrundpapiere und Fotos/ Grafiken können der Mappe beigelegt werden.
Datenblätter listen die wichtigsten Fakten zur Erneuerbaren-Energie-Initiative auf: Mitglieder, Ziele, Laufzeit, Stand der Umsetzung usw.
Hintergrundpapiere enthalten ausführliche Informationen zu Erneuerbaren Energien. Hier gelten die gleichen Regeln wie bei Pressemitteilungen: Nicht zu lang, allgemein verständliche Sprache, kurze Sätze, klare Aussagen.

Pressekonferenz und Pressetermin vor Ort

Pressetermine müssen inhaltlich und organisatorisch gut vorbereitet werden. Eine Einladung an die Presse sollte ca. 7-10 Tage vor dem Termin versandt werden, inkl. Ablaufplan der Veranstaltung. Zusätzlich kann durch ein telefonisches Nachfassen zwei bis drei Tage vor der Veranstaltung der Termin noch einmal in Erinnerung gerufen werden.

Checkliste Pressekonferenz

Wichitge Punkte für die Vorbereitung von Pressekonferenzen sind in dieser Liste zusammengestellt:

→ *www.100re.net*
Instrumente und Aktivitäten
Marketing – Checkliste
Pressekonferenz

Ausgewählte Instrumente und Maßnahmen für regionale Erneuerbare-Energie-Initiativen

Kapitel VI

Im letzten Kapitel wurden ausgewählte Maßnahmen im Bereich der Öffentlichkeitsarbeit und der Bewusstseinsbildung vorgestellt. Darüber hinaus können die Akteure eines regionalen Erneuerbare-Energie-Netzwerks und die Koordinationsstelle weitere nicht-technische Maßnahmen durchführen bzw. initiieren, die geeignet sind, eine nachhaltige Energieversorgung voranzubringen. Eine Auswahl solcher Maßnahmen wird in diesem Kapitel dargestellt und mit einer Vielzahl von Beispielen illustriert. Das Spektrum reicht dabei von Beratungs- sowie Aus- und Weiterbildungsangeboten, der Nutzung von Erneuerbare-Energie-Anlagen im touristischen Bereich über die Konzeption kundenfreundlicher Komplettangebote und Beteiligungsmöglichkeiten bis hin zur Anwendung rechtlicher und finanzpolitischer Instrumente.

1. Beratungsangebote, Aus- und Weiterbildung

Bei den meisten Erneuerbare-Energie-Technologien handelt es sich um vergleichsweise junge Technologien. Sowohl auf der Nachfrage- als auch auf der Anbieterseite herrscht ein großer Informationsbedarf über die Möglichkeiten, die Vor- und Nachteile verschiedener Technologien und deren Kosten. Hinzu kommen Skepsis und Unsicherheit, etwa hinsichtlich der Verlässlichkeit der Technik, der zu erwartenden Qualitätsstandards oder der richtigen Partner zur Realisierung eines Erneuerbare-Energie-Projektes, welchen mit Information und Aufklärung, Beratung, Aus- und Weiterbildung zu begegnen ist.

Das Ziel dieser Maßnahmen ist Wissens- und Vertrauensaufbau bei Investoren und Energienutzern sowie Know-How und Erfahrungsaufbau bei Anbietern, insbesondere bei Installateuren, Ingenieuren und Architekten, die Erneuerbare Energien in ihre bestehende Angebotspalette integrieren sollen.

Beratungs- und Qualifizierungsangebote sind deshalb zentrale Maßnahmenbereiche für die Weiterentwicklung Erneuerbarer Energien. Regionale Erneuerbare-Energie-Initiativen sollten gerade in der Anfangsphase ein starkes Gewicht auf diesen Bereich legen. Die Partner im Unterstützernetzwerk können dabei beides sein: Anbieter und Nachfrager von Beratungsleistungen und Qualifikationsangeboten.

Das Koordinationsbüro nimmt in diesem Feld vier wichtige Aufgaben ein:

1. Angebot von **Einstiegsberatung und –information,**
2. Initiierung weiterführender **Beratungs- und Qualifizierungsangebote** und ggf. Finden der richtigen Partner für die Ausführung,
3. **Bündelung und Kommunikation** der Angebote,
4. **Zentrale Ansprechstation und Vermittlungsstelle** bei Fragen rund um Erneuerbare Energien, welche für jede Detailfrage einen Ansprechpartner vermitteln kann.

1.1. Beratungsangebote

- **Unterscheiden Sie zwischen Initialberatung und Detailberatung!**
- **Führen Sie eine Basisberatung selbst durch!**
- **Suchen Sie für weitergehende Beratung qualifizierte und zuverlässige Experten in der Region!**
- **Sichern Sie einen lückenlosen Beratungspfad von der Erstanfrage bis zur Umsetzungsplanung!**
- **Kontrollieren Sie die Qualität der Beratung!**

Die Beratung, die von der Initiative geleistet wird, richtet sich an die Nachfrager, also vor allem Bürger, Unternehmen und öffentliche Körperschaften in ihrer Eigenschaft als Energiekonsumenten und Investoren in Energieanlagen einerseits, und an die Anbieter, also vor allem Handwerker und Planer andererseits. Das Angebot der Koordinationsstelle der Erneuerbaren-Energie-Initiative selbst kann dabei in der Regel schon aus Kapazitätsgründen lediglich als Initialberatung fungieren.

Detaillierte Fachberatungen sind Aufgabe lokaler Fachbetriebe und Beratungsdienstleister aus der regionalen Partnerschaft.

Die Aufgabe der Koordinationsstelle bezieht sich für solche weiterführenden Beratungen auf die Auswahl geeigneter Partner, die Bündelung und Abstimmung der Angebote, die Öffentlichkeitsarbeit und Kommunikation der Angebote sowie auf die Qualitätskontrolle. Ziel kann es beispielsweise sein, eine lückenlose Beratungskette von der Initialberatung bis zur Umsetzungsplanung sicher zu stellen.

Aufgabe von Initialberatung ist die Motivation von Interessenten, sich weiter zu informieren. Dabei ist z.B. an eine qualifizierte Ansprache von Interessenten auf Veranstaltungen, Messen oder Festen zu denken. Dies erfordert neben einem grundsätzlichen Verständnis für die Technologie ein hohes Maß an Kommunikationsfähigkeit bei den Beratern. Die weitergehende Beratung bis hin zur Ausführungsplanung wird in der Regel von Spezialisten geleistet werden.
Die von der Koordinationsstelle zu leistende Initialberatung weist also einen großen Schnittbereich zur Öffentlichkeitsarbeit auf, während die Fachberatung stärker in die Tiefe geht. In beiden Fällen ist ein breites Spektrum an Zielgruppen und Inhalten abzudecken, das mit verschiedensten Beratungsformen angegangen werden kann.

In diesem Handbuch können diese verschiedenen Spielarten nur überblickartig angesprochen werden. Hauptzweck dieses Kapitels ist es damit, dem Leser das denkbare Spektrum der möglichen Beratungsleistungen zu vergegenwärtigen und sie zu strukturieren.

Beispiel
für eine Form der Initialberatung
Polish Energy Bus – der Polnische Energiebus

Der „Polnische Energiebus" bietet Energieberatung in Gemeinden und Unternehmen.

Der Bus ist ein mobiles Informations- und Ausbildungszentrum. Er tourt durch Polens Städte, Dörfer und Gemeinden. Es werden kostenlose Beratungen und Informationen zu Energiesparmaßnahmen, zur Nutzung regenerativer Energien sowie zu möglichen Fördergeldern für Projekte in diesem Bereich angeboten.

Die Beratung erfolgt durch Experten, welche den Bus begleiten, und richtet sich sowohl an Mitarbeiter kommunaler Verwaltungen, Unternehmer wie auch an Privatpersonen.

Informationen (Englisch und Polnisch) unter: www.autobus-energetyczny.pl.

1.1.1. Beratung auf der Nachfrageseite

Zielgruppen

Auf der Nachfrageseite ist an folgende Zielgruppen für Beratungsangebote zu denken:

- Privatpersonen, private Haushalte, „Häuslebauer" (siehe Beispiel Haushaltsberatung des Oberösterreichischen Energiesparverbandes), Investitionswillige,

- Unternehmen / Betriebe,
- Kommunen und andere öffentliche Einrichtungen,
- Organisationen, Vereine.

Inhalte

Neben den unterschiedlichen Zielgruppen für die Beratung zu nachhaltiger Energieversorgung sind auch die möglichen Beratungsfelder äußerst vielfältig. Es ist schon eine Herausforderung, Informationsmaterial, Wissen oder auch nur Adressen von Ansprechpartnern bereit zu halten für

- unterschiedliche Energieträger (wie Sonne, Wind, Holz usw.),
- unterschiedliche Energieverwendungen (Strom, Wärme, Treibstoffe),
- Neubau oder Sanierung eines Gebäudes,
- Optimierung des Energieverbrauchs, Energieeffizienz oder Energieproduktion mit Erneuerbarer Energie.

Typische Inhalte einer Initialberatung für potenzielle Nachfrager können deshalb auch **nicht allzu tiefgehend** sein, sondern decken Aspekte ab, wie die folgenden:

- Allgemeine Übersichten zur Verfügbarkeit von Technologien bzw. deren Vor- und Nachteilen,
- Abwägen von Alternativen und Auflösen von Konkurrenzsituationen (z.B. zwischen den verschiedenen regenerativen Energien wie Solarthermie und Photovoltaik),
- Hinweise zu regionalen und überregionalen Fördermöglichkeiten für Energieeffizienz und Erneuerbare Energien sowie Adressen entsprechender Institutionen,
- Darstellung von guten Beispielen oder Vermittlung von Adressen von Besitzern erfolgreich installierter Anlagen, die für etwaige Besichtigungen offen sind,
- Kontaktdaten von Fachberatern und speziell qualifizierten Installateuren.

Beispiel
Beratung von privaten Haushalten durch den Oberösterreichischen Energiesparverband - ESV

Der Oberösterreichische Energiesparverband bietet eine Energieberatung für Privathaushalte, Betriebe und Gemeinden an. Kurze Fragen können Privatpersonen per Telefon an die Berater des ESV richten. Für weitergehende Fragen kann ein Termin vereinbart werden.

Eine Beispielsituation:

Ein Kunde möchte seine Heizung erneuern, hat aber noch keine genaue Vorstellung, wofür er sich entscheiden soll. Der/die Energieberater/in schildert ihm, welche Möglichkeiten in seinem Fall bestehen und gibt einen Überblick über die ungefähren Kosten sowie die jeweiligen Fördermöglichkeiten.

Info unter:
Oberösterreichischer EnergieSparVerband:
www.esv.or.at

100RE.net

Wenn die Entscheidung über ein grundsätzliches In-Erwägung-Ziehen einer erneuerbaren Alternative gefallen ist, werden **weitergehende Beratungsleistungen notwendig**, die am besten von Fachleuten gegeben werden, z.B.:

- Beratungen zur Optimierung der energetischen Situation eines Gebäudes oder einer Produktionsanlage,
- Wirtschaftlichkeitsberechnungen,
- Unterstützung bei der Beantragung von Fördermitteln oder eines Kredits,
- Konzeption und Auslegung von Erneuerbare-Energie-Anlagen,
- Planung und Umsetzung von Energie-Contracting-Projekten,
- Hilfestellung bei Ausschreibungen (von z.B. Architekturwettbewerben).

Beratungsformen

Auch die denkbaren Beratungsformen sind vielfältig. Sie sollten jeweils auf den Zweck und die Zielgruppe abgestimmt sein. Für eine Initialberatung kommen z.B. in Frage:

- Telefonische Beratung oder Beratung per E-Mail für klar umrissene, schnell zu beantwortende Fragen,
- für spezielle Aktionen und Kampagnen ggf. Einrichtung eines Call-Centers für telefonische Beratung und Anmeldungen für weiterführende Beratung,
- Infostände auf Veranstaltungen, Messen, Festen,
- Infotouren durch die Region (Beispiele Energiebus, Energietruck),
- Bereitstellen von Informationsmaterial.

Bereits tiefergehende Angebote, wie z.B.

- Angebot von Sprechstunden,
- individuelle Beratungsgespräche im Büro der Initiative,
- Vor-Ort-Beratung/ „Hausbesuche“,

sollten mit den anderen Beratungsanbietern im regionalen Netzwerk abgestimmt werden.

Beispiel:
RESAS - Das Netzwerk Regenerative Energiesysteme Sachsen-Anhalt/Sachsen mit Sitz in Barby

Schwerpunktmäßig ist RESAS in vier Landkreisen in Sachsen-Anhalt tätig. RESAS bietet Information, Beratung, Projektierung, Installation, Service und Bildung rund um Erneuerbare Energien. Das Netzwerk RESAS präsentiert sich außerdem im Info-Truck „Erneuerbare Energien aus Sachsen-Anhalt“ des Bildungsträgers TEUTLOFF GmbH Schönebeck. Der Truck informiert und berät über Erneuerbare Energien und gibt Einblicke in das Schulungsangebot zu regenerativen Energien.

Info unter: www.netzwerk-resas.de

Bild: RESAS Netzwerk Regenerative Energiesysteme Sachsen-Anhalt / Sachsen, Antje Groth

1.1.2. Beratung für (potenzielle) Anbieter

Die Initialberatung von Handwerkern, Planern und Architekten kann z.B. die folgenden Themen aufgreifen:

- Hinweise zu allgemein verfügbaren Informationen zu Erneuerbare-Energie-Technologien (z.B. im Internet),
- Beispiele erfolgreicher Kollegen und Hinweise zu Anlagen, die diese errichtet haben,
- Informationen zu Fortbildungsmaßnahmen in der Region sowie überregional (z.B. Fernlehrgänge),
- Kontaktadressen für das Besorgen weitergehender Informationen.

1.2. Qualifizierungsmaßnahmen

Der Markt für Erneuerbare Energien ist noch immer relativ jung. Sowohl auf der Anbieter- als auch auf der Nachfrageseite herrscht deshalb ein gewaltiger Qualifizierungs- und Weiterbildungsbedarf. Auf die herausragende Rolle der

Schulen im Hinblick auf die Verbreitung einer nachhaltigen Energieversorgung wurde bereits im Kapitel V verwiesen. Hier geht es um die außerschulische Aus- und Weiterbildung.

Aufgabe der regionalen Erneuerbare-Energie-Initiative bzw. der Koordinationsstelle kann es auch hier nicht sein, die entsprechenden Qualifizierungsmaßnahmen in großem Umfang selbst anzubieten. Die Aufgabe besteht vielmehr darin, die in der Region vorhandenen Institutionen entsprechend zu motivieren, bei der Schaffung von Lehr- und Qualifizierungsangeboten zu unterstützen und ihnen schließlich bei der Teilnehmergewinnung zu helfen. Es gilt, solche Angebote immer weiter auszubauen und dadurch qualifizierte Kräfte in der Region zu halten oder sie ggf. dort hin zu holen. In diesem Zusammenhang ist die Initiative auch gefordert, eng mit den Institutionen der Beschäftigungsförderung zusammen zu arbeiten.

Ausbildungskurse müssen sich stark an den Bedürfnissen der Teilnehmer orientieren. Installateure haben beispielsweise andere Bedürfnisse als Mitarbeiter von kommunalen Verwaltungen. Den Schlüssel bilden auch hier zielgruppenorientierte Angebote.

Und dabei geht es nicht nur um die Ausbildung auf der Anbieterseite. Wenn die Nachfrage nicht vorhanden ist, nützen die qualifiziertesten Anbieter nichts. Neben dem Angebot von Seminaren und anderen Weiterbildungsmöglichkeiten für Hausbesitzer, kommunale Einrichtungen und Unternehmer, sollte im Hinblick auf die Verbesserung der Nachfrage vor allem eine Gruppe nicht vergessen werden: es ist von entscheidender Bedeutung, mit den Ausbildungsmaßnahmen möglichst viele Multiplikatoren zu erreichen. Auf der Nachfrageseite hat es sich beispielsweise als effektiv erwiesen, Kurse für facility manager oder verantwortliche Personen in den kommunalen Verwaltungen anzubieten. Auch Lehrer oder Vereinsvorstände besitzen diese Multiplikatorfunktion. Dabei sollte durchaus auch in zunächst „energieferne Bereiche" hinein gedacht werden und man sollte versuchen, Menschen zu motivieren und weiterzubilden, die sich nicht ohnehin schon (täglich) mit Energiethemen befassen.

Wichtig bei der Aus- & Fortbildung:

Face-to-face-Kurse sind nach wie vor der effektivste Weg. Nichtsdestotrotz, nicht jede Initiative hat die Möglichkeiten, eine dauerhafte Ausbildung zu etablieren. In diesem Fall kann die Initiative auf „Fernlehr-Angebote" verweisen.

Die Lernkurve ist umso höher, je praktischer sich die Arbeit in den Kursen gestaltet **(learning-by-doing).**

Ein Ausbildungskurs zielt auf den Aufbau von Kompetenz ab **(capacity building)**. Dies bedeutet auch die Förderung von Kooperations-, Kommunikations- und Vermarktungskompetenz.

Beispiel für eine Multiplikatoren-Qualifikation
Die Solarchecker

In Schleswig-Holstein wurden landesweit rund 100 so genannte Solarchecker ausgebildet. Energieberater bei Verbraucherzentralen, Installateure, Kaminkehrer usw. wurden mit Instrumentarien vertraut gemacht, die es ihnen auf einfache Art und Weise ermöglichen, den Kunden in Beratungssituationen eine Vorstellung von einer solarthermischen Anlage auf ihrem Gebäude zu geben.

Info unter: www.solarzentrum-hamburg.de

Beispiel
RES Dissemination

Das Projekt „RES-Dissemination" (Verbreitung regenerativer Energien) wurde vom griechischen Centre for Renewable Energy Sources koordiniert. Ziel des Projektes war es, eine Informations- und Bildungsstruktur zu schaffen, um die Nutzung Erneuerbarer Energien in Gemeinden voranzubringen. Dabei hatte das Projekt zwei verschiedene „Einsatzbereiche" (Gemeinden und Landwirtschaft) und zwei verschiedene Zielgruppen im Fokus: Frauen und Ingenieure im ländlichen Raum. In den Gemeinden wurden zum Einen Frauen mit entsprechendem fachlich-professionellem Hintergrund und zum Anderen Frauen mit einem allgemeinen Hintergrund auf dem Gebiet der Erneuerbaren Energien fort- bzw. ausgebildet. Im landwirtschaftlichen Bereich wurde auf die Ausbildung von Ingenieuren gesetzt.

Info unter: www.cres.gr/kape/index_eng.htm

1.2.1. Qualifikationsmaßnahmen für Anbieter

Neue Technologien und neue Anforderungen an den Bau, den Betrieb und die Wartung von Anlagen im Energiebereich erfordern entsprechende neue Fertigkeiten. Die Mitarbeiter der (vor allem auch kleinen) Unternehmen in der Region müssen in die Lage versetzt werden, als Fachberater und bei der Erstellung von Angeboten die von der Initiative favorisierten Technologien zu unterstützen. Hier trifft sich die Aufgabe „Qualifizierung" mit der Aufgabe „Aktivierung".

Zentrale Inhalte

Installateure (und Ingenieure) benötigen Fähigkeiten wie:

- Sachgerechte und effektive Errichtung von Erneuerbare-Energie-Anlagen,
- Wissen um Vor- und Nachteile der verschiedenen Erneuerbare-Energie-Technologien,
- Bewertung der Qualität der Hardware:
  Ein integraler Bestandteil der Fortbildung sollte die Anwendung von Bewertungssystemen wie CEN Standard oder der Solar Keymark sein. Allgemeine Indikatoren für die Bewertung von Qualität (von Solaranlagen) wurden z.B.

im ALTENER QUALISOL Projekt entwickelt. Informationen zu Qualitätsstandards, z.B. von solarthermischen Anlagen, sind beispielsweise unter www.soltherm.org zu finden.

- Wissen um erfolgversprechende Marketingstrategien:
  Möglichst viele Partner einer Erneuerbaren-Energie-Initiative sollten die Grundlagen von Kommunikation und Marketing kennen und mit den zentralen Elementen der Kommunikationsstrategie der Erneuerbaren-Energie-Initiative vertraut sein. Aus diesem Grund sollten neben einer evtl. technischen Qualifizierung Marketingschulungen für die Netzwerkpartner zum Fortbildungsangebot der Erneuerbaren-Energie-Initiative gehören.
- Wissen um Fördermöglichkeiten:
  Das Wissen um die aktuellen Fördermöglichkeiten versetzt Installateure in die Lage, ihre Kunden auch im Bereich der Finanzierungsmöglichkeiten umfassend zu beraten. Nicht zuletzt hängen strategische Entscheidungen innerhalb der anbietenden Betriebe in hohem Maße von Veränderungen des Förderungsrahmens ab.

Beispiel für Fernlehrgänge für Handwerker und Planer: ecobau24 und gebäudeenergieberater 24

Die beiden Lehrgänge werden vom Öko-Zentrum NRW angeboten. Beim ecobau24-Lehrgang für Handwerker wird das Fachwissen vermittelt, dass für die spätere Arbeit benötigt wird. Dabei wird in den einzelnen Themenfeldern speziell auf die ökologische Ausrichtung des Lehrinhaltes Wert gelegt. Der Lehrgang für Planer legt seinen Schwerpunkt auf die konstruktiven Details: auf die Planung und Gestaltung sowie die Psychologie des Wohnens. Der „gebäudeenergieberater24" bietet in sechs Modulen praxisorientiertes Fachwissen zur Energieberatung und energetischen Sanierung.

Infos: www.ecobau24.de
www.geb24.de

Folgende Inhalte sind für **Planer und Architekten** von hoher Relevanz:

- Basiswissen - besser jedoch ein umfassendes Wissen - im Bezug auf die verschiedenen Erneuerbare-Energie-Technologien.
  Auch hier steht die Abschätzung geeigneter Anwendungsbereiche inklusive der Machbarkeitsüberlegungen im Mittelpunkt.
- Wissen über Gestaltung und Konstruktionsdetails sowie die gestalterische Einbindung der Erneuerbaren Energien.

Jegliche Art von Fortbildungs- und Qualifizierungsmaßnahme kann von der regionalen Erneuerbare-Energie-Initiative auch identitätsstiftend genutzt werden.

So kann man z.B. darüber nachdenken, jedem Teilnehmer einer Fortbildung, die unter dem „Dach" der regionalen Erneuerbare-Energie-Initiative stattfindet, ein Zertifikat zu verleihen und damit die Berechtigung zum Führen eines gemeinsamen Logos zu verbinden.

Beispiel: Solarschule Cüssing, Österreich

Der Verein „Freunde des Cewerbegymnasiums Cüssing" ist bestrebt, eine umfassende und berufsübergreifende Fachausbildung im solartechnischen Bereich anzubieten. Eine praxisorientierte und besonders innovative Ausbildung richtet sich sowohl an Schüler des Gewerbegymnasiums (Elektroausbildung) als auch an Installateure, Elektrotechniker und Fachkräfte aus artverwandten und bautechnischen Berufen.

Das Ausbildungskonzept ist fächerübergreifend, flexibel und hat damit einen „teilnehmerfreundlichen" Aufbau. Die Qualifikation zum Solarteur, zur Solarfachkraft, zur EU-Fachkraft für regenerierbare Ressourcen schonende Elektrotechnik, zur EU-Fachkraft für neue Energietechnik sowie zur EU-Fachkraft für umweltschonende Energietechnik kann sowohl in Tages-Intensivschulungen oder auch abends berufsbegleitend erlangt werden.

Die Ausbildung zum Solarteur ist mittlerweile in zehn EU-Ländern eingeführt. Das Konzept zu dieser Ausbildung wurde im Rahmen eines EU-Projektes entwickelt und erprobt.

Info unter: www.solarteur.net

Mit zunehmender Entwicklung der Erneuerbaren Energien zu einem konkurrenzfähigen und umfassenden Markt werden auch Aus- und Fortbildungsgänge weiterentwickelt, professionalisiert und harmonisiert, wie das Beispiel der Solarteur-Ausbildung zeigt. Die Aufgabe der Erneuerbare-Energie-Initiative ist es in diesem Zusammenhang, mit regionalen Bildungsträgern und Schulen zu klären, ob es sinnvoll ist, den einen oder anderen bereits etablierten Ausbildungsgang mit der entsprechenden anerkannten Abschlussmöglichkeit in der Region anzubieten.

1.2.2. Aus- und Weiterbildung auf der Nachfrageseite

Die Qualifizierung von potenziellen Nachfragern von Erneuerbaren Energien bzw. Erneuerbaren-Energie-Anlagen zielt darauf ab, ihnen die Entscheidung für die Nutzung Erneuerbarer Energien zu erleichtern und Wege auf zu zeigen, wie diese Entscheidung bestmöglich umgesetzt werden kann. Dies betrifft neben Privatpersonen auch Mitarbeiter der öffentlichen Verwaltung sowie den Unternehmensbereich.

Die standardmäßigen Inhalte von Qualifikationsangeboten für potenzielle Nachfrager ähneln den oben für die Initialberatung genannten: Allgemeine Übersichten zu den verschiedenen Technologien, Fördermöglichkeiten, gute Beispiele usw. Für Vertreter der öffentlichen Hand sind z.B. zusätzlich Fragen der gezielten Ausschreibung der Versorgung öffentlicher Einrichtungen mit Erneuerbarer Energie von Bedeutung.

Aber natürlich kann auch die Qualifizierung von Nachfragern viel weiter in die Tiefe gehen. Insbesondere, wenn sich Bauherren in die Planung ihres Hauses qualifiziert einbringen wollen und ggf. Planungsaussagen der Experten hinterfragen wollen, ist eine gute Kenntnis der technischen Optionen von Vorteil.

Ein Beispiel für Weiterbildung im Erneuerbare-Energie-Bereich, die teilweise einen regelrechten Boom ausgelöst hat, waren die solaren Selbstbaukurse zum Bau einer Solarthermieanlage in Österreich. Eine Gruppe interessierter Hausbesitzer baute unter Anleitung eines Experten gemeinsam eine erste Anlage, dann wurde ohne weitere Anleitung gemeinsam so lange weiter gearbeitet, bis alle Teilnehmer eine eigene Anlage auf dem Dach hatten. Nach Abschluss einer solchen Runde waren alle Beteiligten in der Regel erfahren genug, um selbst einen Selbstbaukurs leiten zu können. Mit derartigen Schneeballsystemen wurden in Österreich sehr gute Erfahrungen gemacht.

Beispiel
Hausbauseminare des Oberösterreichischen Energiesparverbands und der Arbeitsgemeinschaft Ökologisches Bauen

Die Hausbauseminare richten sich an „Häuslebauer", welche die Planung ihres Neubaus aktiv mitgestalten wollen und ihre Vorstellungen eines gemütlichen, zweckmäßigen und vor allem ökologischen Hauses einbringen und umsetzen möchten.

Die Inhalte des Seminars sind: Gestaltung & Architektur, Baubiologie & Bauökologie, Bautechnik & Bauphysik, Energieträger & Energieversorgung, innovative Haustechnik sowie Finanzierung & Förderungen.

Info unter: www.esv.or.at

Es muss hier aber auch erwähnt werden, dass der Versuch der Übernahme dieser erfolgreichen Vorgehensweise in Deutschland gerade bei engagierten Handwerkern und kleinen Solarunternehmen, die eben versuchten, sich mit solarthermischen Anlagen ein neues Standbein aufzubauen, auf heftigste Proteste stieß. Nicht zu Unrecht: diese Handwerker und Herstellerfirmen hatten viel Zeit und Geld in ihr neues Geschäftsfeld gesteckt, das nun von „Bastlern" zerstört zu werden drohte. Die Gefahr lag dabei nicht nur darin, dass die billigen Selbstbauanlagen den professionellen Anbietern das Geschäft rauben, sondern auch darin, dass ggf. unprofessionell errichtete Anlagen von Selbstbauern, das Image der Solarthermie als Ganzes in Deutschland auf längere Sicht ruinieren würden.

Dieser Konfliktfall zeigt, dass nicht jede und sei sie noch so erfolgreiche Vorgehensweise in allen Fällen angebracht und übertragbar ist. Im konkreten Fall fehlte ein Element, dass wir in Kapitel III beim Thema Strukturen ausführlich beschrieben haben: der Einbezug aller wichtigen Akteure, hier nämlich der bereits existierenden Handwerker und Firmenstrukturen.

Eine weitere Zielgruppe für Qualifizierungsmaßnahmen soll hier noch gesondert herausgehoben werden: **Landwirte** verfügen allgemein über ein großes Potenzial für die Nutzung Erneuerbarer Energien. Sie können Pflanzenöl als Treibstoff nutzen, verfügen vielfach über große Dächer, die sich für die Installierung von Solarthermie oder Photovoltaikanlagen eignen könnten, haben den direkten Zugang zu Biomasse etc.

Daher scheint es sehr lohnenswert, Qualifizierungsmaßnahmen speziell auf die Bedürfnisse von Landwirten zuzuschneiden. Das Kennenlernen von guten Beispielen aus der Landwirtschaft und die Förderthematik werden dabei sicher viel Raum beanspruchen.

Beispiel
Erneuerbare Energien als Qualitätsmerkmal für Landwirte auch im Tourismus:

Landwirte, die auf ihrem Hof „Urlaub auf dem Bauerhof" anbieten, können die Nutzung alternativer Energien zur Versorgung des Hauses als zusätzliches Qualitätsmerkmal nutzen und sich eine Kundschaft erschließen, die auf umweltbewussten Urlaub Wert legt. Auf diese Art und Weise werden Landwirte zudem als Multiplikatoren tätig: Urlauber auf ihrem Hof erfahren mehr über die Nutzungsmöglichkeiten Erneuerbarer Energien. Der Europäische Verband für Urlaub auf Bio-Bauernhöfen unterstützt Landwirte mit gezielter Information und Beratung bei Erneuerbare-Energie-Planungen.

Info unter: www.eceat.nl

2. System- und Servicekomplettangebote

2.1. Geschichte und Konzept der System- und Servicepakete

Das „Solarpaket" von BRUCKER LAND im Landkreis Fürstenfeldbruck

Das Konzept der System- und Servicepakete geht auf die Erfahrung des Landkreises Fürstenfeldbruck mit dem „Solarpaket" zurück. Dieses Angebot umfasst einen standardisierten Solarkollektor und eine dazugehörige „Software", ein auf gegenseitiger Kontrolle fachgerechter Installation beruhendes Qualitätssicherungssystem, spezifische Solarkredite der Kreissparkasse u.a. Das Solarpaket wurde 1997 im Rahmen einer Kooperation des Vereins für regionale Vermarktung nachhaltig produzierter regionaler Produkte, BRUCKER LAND, mit der Kreissparkasse im Rahmen der Agenda 21 des Landkreises Fürstenfeldbruck entwickelt und von einer Gruppe von Handwerkern gemeinsam angeboten.

Der große Erfolg dieser Aktion – etwa 500 Solarkollektoren im Wert von 2,5 Mio. Euro wurden innerhalb von drei Jahren im 190.000 Einwohner zählenden Landkreis installiert – wurde 1999 mit dem deutschen und europäischen Solarpreis von EUROSOLAR ausgezeichnet. Dies führte zur Konzeption und Gründung einer Erneuerbaren-Energie-Initiative, des bereits erwähnten Vereins ZIEL 21 e.V. am 18. Januar 2001, dessen alleiniger Satzungszweck, die Sicherstellung der Energieversorgung des Landkreises Fürstenfeldbruck mit 100% Erneuerbaren Energien bis zum Jahr 2030 ist.

Weiterentwicklung zu System- und Servicepaketen im 100% RENET Projekt

Das Konzept des Solarpakets wurde im Rahmen des 100% RENET Projekts zum allgemeinen „System- und Servicepaket" weiterentwickelt und auf andere Formen Erneuerbarer Energien angewandt. Konkret wurden dem Solarpaket

von BRUCKER LAND ähnliche System- und Servicepakete für Gemeinschafts-PV-Anlagen, zur Umrüstung von Fahrzeugen auf Pflanzenöl und zur Umrüstung von Heizöl-BHKW auf Pflanzenölbetrieb entwickelt.
Generell eignen sich System- und Servicepakete zur großflächigen Verbreitung tendenziell eher kleiner Erneuerbarer-Energien-Anlagen in einer Region. Die grundlegende Idee dahinter kann wie folgt formuliert werden:

Auf der Grundlage eines Konsens einer Gruppe regionaler Akteure (Installateure und andere regionale Gruppen) wird eine standardisierte Anlage zusammen mit Begleitdienstleistungen angeboten. Dies dient der Vertrauensbildung unter möglichen Nutzern solcher Anlagen, da sie alles quasi wie aus einer Hand bekommen und beim Bezug einer solchen Anlage wissen, dass diese bereits „beim Nachbarn erfolgreich funktioniert". Auf diese Weise wird die häufige Barriere des Misstrauens potenzieller Nutzer beseitigt.

Dies wird durch eine Kombination verschiedener Elemente erreicht:

- Eine technisch hinreichend standardisierte und qualitativ hochwertige Anlage zur Nutzung Erneuerbarer Energien. Damit wird eine effektive Mund-zu-Mund Propaganda ausgelöst, die interessierten, aber noch zögernden potenziellen künftigen Nutzern mitteilt: genau DIESES System funktioniert!
- Ein System der Qualitätskontrolle, vor allem für die Installation, welches eine Akkreditierung der beteiligten Handwerker bei der regionalen Erneuerbare-Energie-Initiative oder einer mit dieser kooperierenden Organisation sowie eine Kontrolle installierter Anlagen umfasst.
- Spezifische Kredite einer vertrauenswürdigen Bank, etwa einer regionalen Sparkasse. Dadurch wird neben der Erhöhung der Liquidität potenzieller Kunden auch ein Signal hinsichtlich der Glaubwürdigkeit des Angebotes gegeben.
- Unterstützung beim Betrieb und gesicherter Service, Instandhaltung und Reparatur durch regionale Betriebe.
- Unkonventionelle, aber effektive Werbemaßnahmen für das System- und

Servicepaket, etwa wie im Fall des Fürstenfeldbrucker Solarpakets geschehen, durch Werbeflyer, die von der kooperierenden Kreissparkasse ausgelegt werden (einer Institution, der man vertrauen kann ...) oder durch Aufkleber auf Brot bei an der Regionalvermarktungsinitiative BRUCKER LAND beteiligten Bäckern.

Wesentliche Komponenten eines System- und Servicepakets

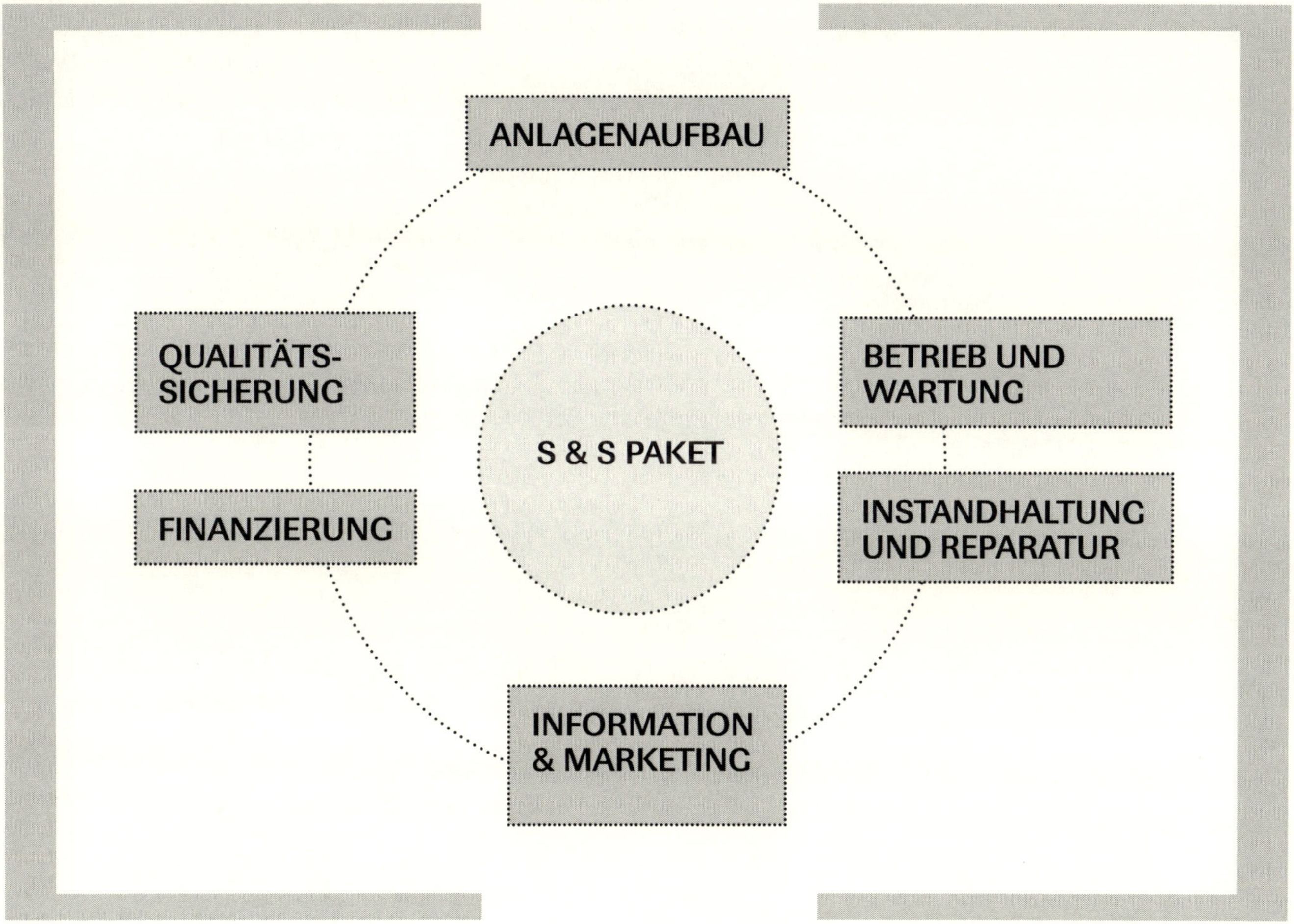

Beispiel: System- und Servicepaket für Pflanzenöl-BHKW

Im Rahmen des 100% RENET Projekts ist u.a. ein System- und Servicepaket für pflanzenölbetriebene Blockheizkraftwerke (BHKW) entwickelt und eingesetzt worden, welches hier als Beispiel eines allgemeinen System- und Servicepakets dienen kann.

Das besondere an dieser Entwicklung ist, dass im Gegensatz zu der Solarkollektoranlage im Solarpaket des Landkreises Fürstenfeldbruck hier auch die Anlage an sich, d.h. das pflanzenöltaugliche BHKW, erst einmal entwickelt werden musste. Dies geschah durch den Motorenumrüster Vereinigte Werkstätten für Pflanzenöltechnologie (VWP) in Allersberg-Göggelsbuch (Mittelfranken). VWP wählte als Basis des Pflanzenöl-BHKW die Heizölvariante des in Serie produzierten „Dachs", einem Klein-BHKW der Firma SenerTec mit 6 kWel und 12 kWth. VWP konnte dabei auf eine über zehnjährige Erfahrung mit der Umrüstung von mobilen und stationären Motoren auf Pflanzenölbetrieb aufbauen.

Neben der Entwicklung eines pflanzenöltauglichen Klein-BHKW wurden umfangreiche Dokumentationen für Installation, Bedienung und Wartung sowie Unterlagen zur Information der Kunden, zur Ausbildung von Wartungspersonal und ein System der Qualitätssicherung entwickelt.

Dabei wurde eine Verteilung der Aufgaben auf verschiedene (regionale) Akteure vorgenommen:

- Herstellung der BHKW erfolgt bei SenerTec in Schweinfurt,
- Umrüstung erfolgt bei VWP in Allersberg-Göggelsbuch,
- Installation und Wartung erfolgen durch regionale Partnerfirmen (Handwerker),
- Öllieferung erfolgt durch eine regionale Ölmühle, die ihrerseits den Raps von Landwirten aus der Region bezieht.

In der folgenden zweiseitigen Tabelle sind die verschiedenen Komponenten des Pflanzenöl-BHKW System- und Servicepakets aufgeführt. Neben den im konkreten Fall der im 100% RENET Projekt zum Zuge gekommenen Akteure werden auch mögliche Alternativen aufgezeigt. Dabei wird nicht nur zwischen Hard- und Software unterschieden, sondern auch der Begriff Orgware benutzt. Dieser Begriff wird eingeführt, um die mit System- und Servicepaketen verbundenen organisatorischen Leistungen in Form von Kooperationen und mit verschiedenen Akteuren abzustimmenden Verträgen deutlich zu kennzeichnen.

Tabelle: Komponenten eines standardisierten System- und Servicepakets und charakteristische Akteure für die Umsetzung der einzelnen Komponenten

Allgemeines S&SP	**Standardisiertes System- und Servicepaket für pflanzenölbetriebene Blockheizkraftwerke**					
	Orgware		Hardware		Software	
	Was?	Wer?	Was?	Wer?	Was?	Wer?
Anlagenbau	BHKW-Produktion/ Umrüstung	BHKW-Hersteller/Umrüster	umgerüstetes BHKW	BHKW-Produktion/ Umrüstung	Technisches Datenblatt, Installations- und Inbetriebnahmeanleitung, Protokollblätter	BHKW-Hersteller/ Umrüster
	Treibstoffversorgungslogistik, Definition geeigneter Lagertanks	unabhängiger Pflanzenöl-spezialist oder BHKW-Hersteller/Umrüster oder Ölmühlenbetreiber	Ölmühle, pflanzenöltaugliche Lagerbehälter	Ölmühlenbetreiber, diverse Lieferanten	-	-
Qualitäts-sicherung	BHKW Garantie	BHKW-Hersteller/Umrüster	-	-	Service-Checkbuch	BHKW-Hersteller/ Umrüster
	Treibstoff-standard	Organisation zur Kontrolle der Einhaltung des Standards	-	-	Treibstoffspezifikationsblatt	BHKW-Hersteller/ Umrüster
	Treibstoffqualitätskontrolle	Ölmühlenbetreiber, Analyselabor	Laborausrüstung	Analyselabor	-	

Tabelle: Komponenten eines standardisierten System- und Servicepakets und charakteristische Akteure für die Umsetzung der einzelnen Komponenten (Forts.)

Allgemeines S&SP	**Standardisiertes System- und Servicepaket für pflanzenölbetriebene Blockheizkraftwerke**					
	Orgware		Hardware		Software	
	Was?	Wer?	Was?	Wer?	Was?	Wer?
Finanzierung	Finanzierungspaket aus Eigenkapital, Krediten, Zuschüssen und Einspeisevergütung	BHKW-Hersteller/Umrüster oder Koordinationsbüro der regionalen Erneuerbare-Energie-Initiative	-	-	Abschnitt in der Vermarktungsbroschüre, der das Finanzierungskonzept erläutert	BHKW-Hersteller/Umrüster oder Koordinationsbüro der regionalen Initiative
Betrieb & Wartung	Betriebs- und Wartungsschema	BHKW-Hersteller/Umrüster	-		Technisches Datenblatt, Bedienungs- & Wartungsanleitung, Service-Check-Book	BHKW-Hersteller/Umrüster
Instandhaltung & Reparatur	Instandhaltungs- und Reparaturschema	BHKW-Hersteller/Umrüster	Ersatzteile	BHKW-Hersteller/Umrüster	Technisches Datenblatt, Wartungsanleitung und Protokollblätter	Umrüster
Information & Marketing	Informations- und Marketingkonzept für potenzielle Kunden	Koordinationsbüro der regionalen Erneuerbare-Energie-Initiative	Exponate für Ausstellungsstände	BHKW-Hersteller/Umrüster, Ölmühlenbetreiber	Web-site, Call Center, Informationsmaterial, Ausstellungsstand	BHKW-Hersteller/Umrüster

3. Finanzierung von Maßnahmen und Anlagen – Bürger finanzieren ihre Energiewende

www.erneuerbare-energien.de/inhalt/2618/4590

www.energiefoerderung.info

www.esv.or.at/esv/index.php?id=49

In diesem Kapitel möchten wir keine Neuauflage der existierenden Datenbanken und Ratgeber zur Förderung Erneuerbarer Energien leisten. In vielen europäischen Ländern gibt es mittlerweile ein breites Spektrum an Fördermöglichkeiten für Erneuerbare Energien auf nationaler oder regionaler Ebene, seien dies nun garantierte Einspeisevergütungen, Zuschüsse oder zinsgünstige Darlehen. In Deutschland wurden diese Möglichkeiten jüngst in einer umfangreichen Broschüre mit dem Titel „Geld vom Staat für Energiesparen und Erneuerbare Energien" durch das Bundesumweltministerium zusammengestellt. Darüber hinaus ist unter eine umfangreiche Förderdatenbank zugänglich. Ferner finden sich Hinweise auf Fördermöglichkeiten bei vielen Energieagenturen, so z.B. bei den Landesenergieagenturen in Österreich .

Wir möchten hier vielmehr den Blick auf die **speziellen Handlungsmöglichkeiten von regionalen Erneuerbare-Energie-Initiativen** im Bereich Finanzierung lenken. Förderung ist dabei sicherlich auch ein wichtiger Aspekt. Regionale Erneuerbare-Energie-Initiativen können sich auch dafür einsetzen, dass die öffentliche Hand in der betreffenden Region oder Kommune finanzielle Unterstützung für Energiesparen oder Erneuerbare Energien als zusätzlichen Anreiz für Haushalte und Unternehmen bereitstellt. Dazu haben wir ein eigenes Kapitel zusammengestellt (Kapitel VI.4).

Gleichzeitig haben regionale Erneuerbare-Energie-Initiativen in der Form, wie wir sie in Kapitel III beschrieben haben, ein phantastisches Potenzial für die Mobilisierung regionalen Kapitals bei der Erschließung Erneuerbarer Energien. Ein gelungenes Beispiel hierzu ist die Initiative ZIEL 21 im Landkreis Fürstenfeldbruck. Das landkreisweite Erneuerbare-Energie-Netzwerk hat es geschafft, durch kontinuierliche Informations- und Überzeugungsarbeit so viele investitionsbereite Bürger zusammen zu bekommen, dass es inzwischen 19 so genannte Bürgerbeteiligungs-Photovoltaik Anlagen in den Kommunen des Landkreises gibt. Das heißt, das Netzwerk ist nicht nur eine unschätzbare Ressource im Hinblick auf die Verbreitung der Idee einer nachhaltigen Energieversorgung und auf die damit verbundene Öffentlichkeitsarbeit. Es kann auch ein hervorragender Ausgangspunkt sein, wenn es darum geht, Menschen in der Region zu finden, die bereit sind, die Energiewende in ihrer Region mitzufinanzieren. Mindestens ebenso erfolgreich bei der Mobilisierung regionalen Kapitals für Erneuerbare Energie wie ZIEL 21, ist die Initiative solarcomplex am Bodensee. Darauf wurde an anderer Stelle bereits eingegangen (vgl. Kapitel IV).

Eine breite Streuung nicht nur des ideellen Engagements, sondern auch der Möglichkeiten, finanziell an den Gewinnen der zukünftigen Energieversorgung teil zu haben, vertieft auch die Identifikation mit dem Gesamtziel der nachhaltigen Energieversorgung. So wurde schon vielfach berichtet, dass die finanzielle Beteiligung an Erneuerbare-Energie-Anlagen bei vielen Menschen auch einher geht mit einer erhöhten Auseinandersetzung mit Fragen der Energieproduktion und des Energiesparens. Auch evtl. negative Effekte Erneuerbarer-Energie-Anlagen, wie z.B. Sichtbeeinträchtigungen durch Windkraftanlagen, können ggf. leichter weggesteckt werden, wenn man umgekehrt am Profit beteiligt ist.

Darum ist es eine der zentralen Aufgaben Erneuerbarer-Energie-Initiativen, dafür zu sorgen, dass ein erheblicher Anteil der finanziellen Ressourcen für die regionale Energiewende von den Menschen und Unternehmen der Region aufgebracht wird.

Beispiel: „Sonnenschule Holzhausen", Oberösterreich

Die Errichtung der PV-Anlage am Dach der Volksschule Holzhausen wurde durch das Land Oberösterreich mit einem Betrag von 35.000 Euro unterstützt. Der Restbetrag von 30.000 Euro wurde durch Sponsoring aufgebracht.

Gemeinsam mit den engagierten Lehrer/innen arbeiteten die 71 Schüler/innen der Volksschule Holzhausen mit Begeisterung an der Finanzierung der Photovoltaikanlage auf ihrem Schuldach. Die Schulaktivitäten reichten vom Verkauf von selbstgebastelten Geschenken auf dem Weihnachtsmarkt bis zum Verkauf von "Solarbausteinen", die heute in der Halle der Schule ausgestellt sind.

Einen großen Beitrag zur Finanzierung leisteten auch die ortsansässigen Vereine, wie der Musikverein, die Freiwillige Feuerwehr und der Kirchenchor, die Veranstaltungen der Errichtung der PV-Anlage widmeten.

Zusätzlich konnten auch 20 Firmen für die Unterstützung des Projekts gewonnen werden.

Quelle und weitere Info: www.esv.or.at

In den letzten Jahren haben sich abhängig von der Art und der Größe der Anlagen, aber auch von der jeweiligen Philosophie der Erneuerbaren-Energie-Initiative eine Vielfalt an Finanzierungs- und Beteiligungsformen herausgebildet.

Manchmal werden die jeweiligen Modelle von ihren Verfechtern bzw. „Erfindern" mit Vehemenz als die einzig richtige und vorteilhafteste Lösung vertreten. Im Einzelfall gilt es jedoch schlicht verschiedene Kriterien gegeneinander abzuwägen, um die jeweils richtige Lösung zu finden:

- Höhe des eingesetzten Kapitals und damit verbundenen Risikos,
- Verwaltungsaufwand,
- steuerrechtliche Aspekte,
- Kapitalbindung,
- gewünschte Mitsprache- und Mitentscheidungsmöglichkeiten, die bei unterschiedlichen Rechtsformen unterschiedlich ausgeprägt sind,
- Anzahl der Beteiligten.

Grundsätzlich sind im Bereich Erneuerbare-Energie-Anlagen folgende Finanzierungsarten bekannt:

- Finanzierung über Darlehen,
- Finanzierung über Kapitalbeteiligung,
- Sponsoring (=Finanzierung durch Schenkung/ Spende),
- Finanzierung über öffentliche Förderung (zinsgünstige Darlehen, Zuschüsse, bessere Produktabnahmekonditionen).

In der Praxis sind meist Mischformen verschiedener Finanzierungsformen aus Darlehen, Unternehmensbeteiligungen und öffentlicher Förderung zu finden.

Für die Auswahl der Finanzierungsformen oder – bei Beteiligungen – der Rechtsformen gelten tendenziell die gleichen Argumente wie bei anderen Investitionen oder Unternehmensgründungen.

Eine Grundsatzfrage ist dabei z.B., ob man eine Finanzierung über Darlehen oder in Form von Unternehmensbeteiligungen anstrebt. Darlehensgeber tragen tendenziell ein geringeres Risiko. Bei einer Beteiligung besteht dagegen die Möglichkeit, unmittelbar von den erzielten Gewinnen zu profitieren. Beteiligungen sind tendenziell auf längere Zeiträume ausgelegt, da sie erst nach der Amortisation einer Anlage Gewinne abwerfen. Darlehen sind von Beginn an zu verzinsen.

Beispiel: Strom vom Himmel – PV Anlage auf dem Dach einer Kirche (Linz, Österreich)

Das alte Kupferdach der Pfarrkirche St. Konrad in Linz war renovierungsbedürftig. Der Pfarrgemeinderat beschloss, im Zuge der Sanierung eine Photovoltaik-Anlage zu installieren und dadurch mit "Strom vom Himmel" bewusst ein Zeichen für die Umwelt zu setzen.

Neigung und Ausrichtung des Daches erwiesen sich als geeignet für die Errichtung einer Photovoltaikanlage, somit war "nur mehr" die Frage der Finanzierung zu lösen. Da die Pfarrei St. Konrad selbst nicht genügend Mittel aufbringen konnte, entschloss man sich zu einem Contracting-Vertrag mit der Linz Strom GmbH unter Förderung durch das Energie-Contracting-Programm des Landes Oberösterreich und das Ökostrom Programm Oberösterreich (ÖKOP).

Die Gesamtkosten dieses Projekts beliefen sich auf ca. 340.000 Euro. Die Pfarrei St. Konrad selbst beteiligte sich mit 70.000 Euro an der Finanzierung. Der Contractor, die Linz Strom GmbH, ist verantwortlich für die Planung, Errichtung und die Betriebsführung der Photovoltaikanlage und erhält dafür die Einnahmen aus dem Verkauf des produzierten Stroms. Die Pfarrei St. Konrad bezahlt während der Laufzeit des Contracting-Vertrages wie bisher für den benötigten Strom. Nach Ablauf des Contracting-Vertrages geht die PV-Anlage in den Besitz der Pfarrei St. Konrad über. Die Anlage deckt den Eigenstrombedarf der Pfarrei, was ungefähr dem Stromverbrauch von 18 Linzer Privathaushalten entspricht.

Quelle und weitere Info: www.esv.or.at

100RE.net

Rechtsformen, wie die GmbH oder die GmbH & Co KG dienen dazu, das Risiko für die einzelnen Kapitalgeber durch Haftungsbegrenzung zu reduzieren. Zugleich ist jedoch der Gründungs- und Verwaltungsaufwand dieser Organisationsformen vergleichsweise groß (notarielle Eintragung, Bilanzierungspflicht). Darum tendieren größere Anlagen prinzipiell zur GmbH, während man z.B. bei kleineren PV-Anlagen eher die unaufwändige Form der GbR wählt und die entstehenden Risiken durch Versicherungen abfedert. Bei sehr demokratisch ausgerichteten Investorengemeinschaften wird z.B. vielfach die Genossenschaft als Organisationsform eingesetzt. Möchte man die Mitspracherechte auf eine sehr kleine Gruppe begrenzen, bietet sich die Beteiligung über Darlehen an.

Besondere Beachtung im Bereich der nachhaltigen Energieversorgung verdient das so genannte Contracting – letztendlich eine Sonderform der Beteiligungsfinanzierung. Hat ein (größerer) Energieverbraucher (z.B. Gemeindeverwaltung, Industriebetrieb, Kirchengemeinde o.ä.) Interesse an einer Energieversorgung aus Erneuerbaren Energien oder einer Modernisierung seiner Energieversorgung, jedoch selbst nicht die finanzielle Potenz für eine größere Investition und/ oder nicht das nötige Know-How, kann ein Contracting-Vertrag mit einem potenten und kompetenten Partner weiterhelfen. Hier gibt der Energieverbraucher die Verantwortung für seine Energieversorgung weitgehend ab und überträgt sie an den Contractor. Dieser finanziert (je nach Modell ganz oder teilweise), plant und erstellt die Infrastruktur für die Energieversorgung. Der Energiedienstleister verdient dabei insbesondere auch an den Einsparungen, die durch die gesunkenen Energiekosten gegenüber dem ursprünglichen Energieverbrauch auftreten. Diese können z.B. durch seine professionelle Projektabwicklung, Wärmeschutz oder andere Energiesparmaßnahmen erreicht werden.

Contractingverfahren können sich auch als Betätigungsfeld für regionale Erneuerbare-Energie-Initiativen eignen, die diese Dienstleistung gemeinsam mit Netzwerkpartnern anbieten und durchführen können. Das Bürgerunternehmen solarcomplex, beispielsweise, bietet diese Dienstleistung für Gebäudeeigentümer gemeinsam mit Partnern aus dem Unterstützernetzwerk über ein eigenes Tochterunternehmen an. Dabei hat man sich auf den Einbau von Holzenergieanlagen, die mit Pellets oder Hackschnitzeln aus der Region befeuert werden, spezialisiert.

100RE.net

Beispiel:
Windenergie von A-Z, Altschwendt, Oberösterreich

Der Windpark Oberrödham wurde zum Teil durch private Anteilseigner finanziert. 152 Personen aus der näheren Umgebung ergriffen die Chance, in saubere und umweltfreundliche Erzeugung von Strom zu investieren. Sie alle wohnen zwischen den Orten Altschwendt und Zell an der Pram - daher auch der Name der Bürgerbetreibergesellschaft "Energie von A bis Z".

Es gab die Möglichkeit, entweder als Mitunternehmer oder als Darlehensgeber in das Projekt einzusteigen:

- *Mitunternehmer: Die Bürgerbetreibergesellschaft hat 22 Partner mit beschränkter Haftung und 59 atypische Partner. Sie alle besitzen einen Teil der Gesellschaft entsprechend dem Wert ihrer Anteile und haben dieselben Rechte wie Partner anderer Gesellschaften.*
- *Darlehensgeber: Die Darlehensgeber stellen der Betreibergesellschaft Kapital für eine bestimmte Zeit zur Verfügung. Nach Ende der Laufzeit bekommen die Investoren ihr Geld inklusive Zinsen zurück. Für diese Investitionsform, die dem Sparen auf einem für eine bestimmte Laufzeit gebundenen Sparbuch sehr ähnlich ist, haben sich 71 Personen entschieden.*

Quelle und weitere Info: www.esv.or.at

In den letzten Jahren sind bereits eine Reihe von Leitfäden und Arbeitshilfen zum Thema Finanzierung von Erneuerbare-Energie-Anlagen erschienen. Vielfach haben sie sich allerdings auf einen speziellen Finanzierungsansatz spezialisiert und liefern dann keine differenzierte Gegenüberstellung verschiedener Möglichkeiten.

Das Handbuch für Bürger-Solarstromanlagen der solid GmbH ist beispielsweise spezialisiert auf die so genannten Bürger-Solarstromanlagen, bei denen jeder Investor eine vollständige, eigene Solarstromanlage als Teil einer größeren Anlage erwirbt. Ein ähnliches Konzept vertritt die Solar GmbH Furth. Auch sie beschreibt es detailliert im Internet. Vieles über bürgerfinanzierte Erneuerbare-Energie-Anlagen und die dahinter stehenden Prinzipien und Ansätze erfährt man auch auf der Internetseite der solarcomplex GmbH.

www.solid.de

www.solar-gmbh.de/buergerkr/konzept.html

www.solarcomplex.de

Auf Windkraft-, Photovoltaik- und Bioenergie-Fonds ist der Ratgeber Erneuerbare-Energie-Beteiligungen spezialisiert. Informationen über den Contracting-Markt und die gängigsten Contracting-Varianten stehen z.B. beim Contracting-Leitfaden der Energieagentur NRW im Mittelpunkt. Er gibt Empfehlungen zu Ausschreibung und Projektablauf und stellt beispielhaft zwölf in Nordrhein-Westfalen umgesetzte Projekte dar.

www.greenvalue.de/ratgeber.html

Empfehlungen zu Ausschreibung und Projektablauf, Download: www.ea-nrw.de

Tabelle: Zentrale Charakteristika unterschiedlicher Rechts- und Beteiligungsformen in Deutschland

	Gründungsvoraussetzungen	**Umfang der Leitungsbefugnisse / Einfluss der Gesellschafter**	**Haftung**
e.V. §§21ff BCB	ideeller Zweck, kein wirtschaftlicher Zweck (außer bei der seltenen Form des explizit wirtschaftlichen Vereins) mindestens 7 Gründungsmitglieder	Vorstandsmitglieder gemeinschaftlich, wenn die Satzung nichts anderes bestimmt Vertretungsbefugnis kann Dritten gegenüber beschränkt werden Fremdgeschäftsführung möglich	Verein haftet unbeschränkt mit dem Vereinsvermögen
eC §§336 - 339 HCB / GenC	Zweck: Förderung des Erwerbs oder der Wirtschaft der Genossenschaftsmitglieder. mindestens sieben Gründungsmitglieder Mitgliedschaft in einem Prüfungsverband	Vorstandsmitglieder gemeinschaftlich, wenn das Statut nichts anderes bestimmt Die Vertretung ist z.B. auf ein oder mehrere Mitglieder des Vorstands beschränkbar. Kontrolle durch den Aufsichtsrat, aber keine Einflussnahme der Geschäftspolitik, Vorstand hat im Vergleich zur Leitung einer GmbH mehr Freiheit.	Genossenschaft haftet unbeschränkt mit dem Genossenschaftsvermögen
CbR §§ 705-740 BCB	Gründung zu jedem gesetzlich zulässigen Zweck, allerdings kein Handelsgewerbe, sonst oHG mindestens zwei Gesellschafter	Gesellschafter gemeinschaftlich Vertretungsmacht ist beschränkbar, muss aber Dritten gegenüber bei Prüfung erkennbar sein. Von der Leitung ausgeschlossene Gesellschafter haben Info- und Kontrollrecht.	zunächst das Gesellschaftsvermögen gesamtschuldnerische und persönliche Haftung der Gesellschafter

Gewinn- und Verlustbeteiligung / Steuerfolgen	Laufender Aufwand	Aufnahme weiterer Gesellschafter	Gründungs-kosten einschl. Notar-, Gerichts-, Veröffentlichungs-kosten
keine jährliche / regelmäßige Gewinnverteilung Verteilung des Vermögens bei Auflösung des Vereins wie GmbH	Buchführungspflicht Erstellen eines Jahresabschluss	Aufnahme ohne formelle Zustimmung aller Gesellschafter möglich gute Wachstumsmöglichkeiten	ca. 1.000 Euro
Keine jährliche /regelmäßige Gewinnverteilung, Gewinn /Verlust wird bei Ausscheiden des Gesellschafters / Auflösung der eG anteilig vergütet. wie GmbH	Buchführungspflicht Erstellen eines Jahresabschluss; mittlere und große Gesellschaften: Testat des Abschlusses durch Abschlussprüfer Publizitätspflicht Prüfung durch Prüfungsverband	Aufnahme ohne formelle Zustimmung aller Gesellschafter möglich gute Wachstumsmöglichkeiten	ca. 3.000 Euro zzgl. jährliche Mitgliedsbeiträge ca. 750 Euro
Beteiligung der Gesellschafter entsprechend ihrer Einlagen, Gewinne und Verluste nach Köpfen ESt bei den Gesellschaftern, Verlustausgleich möglich Gewerbesteuer bei gewerblicher Betätigung	Einnahmen- / Überschussrechnung ab bestimmter Betriebsgröße auch Buchführungspflicht und Erstellung eines Jahresabschluss.	grundsätzlich Zustimmung aller Gesellschafter erforderlich für wachsende Kooperationen nicht geeignet	unter 50 Euro

KG §§ 161-177a HGB	Zweck: Betrieb eines Handelsgewerbes mindestens zwei Gesellschafter: ein persönlich unbegrenzt haftender Gesellschafter (Komplementär) ein nur bis zur Höhe seiner Einlage haftender Gesellschafter (Kommanditist)	Für gewöhnliche Geschäfte jeder Komplementär allein; dies kann jedoch im Gesellschaftsvertrag anders geregelt werden, ein Kommanditist kann als Prokurist an der Leitung beteiligt werden. Die Vertretung kann z.B. auf einen Komplementär beschränkt werden. alle Gesellschafter haben Informations- und Kontrollrecht	Komplementäre haften unmittelbar, unbeschränkt und gesamtschuldnerisch mit den Kapitaleinlagen und dem Privatvermögen Kommanditisten bis zur Höhe ihrer Einlage
GmbH §§ 161-177a HGB / GmbHG	Gründung zu jedem gesetzlich zusätzlichen Zweck mindestens ein Gesellschafter Stammkapital: mind. 25.000 Euro	Geschäftsführer im vertraglich geregelten Umfang Die Vertretung kann Dritten gegenüber z.B. auf einen Geschäftsführer beschränkt werden. Fremdgeschäftsführung möglich vergleichsweise starke Einflussnahme auf die Geschäftspolitik durch die Gesellschafter	Gesellschaft haftet unbeschränkt mit dem Gesellschaftsvermögen Ausnahmen der beschränkten Haftung u.a. durch eigenkapitalersetzende Darlehen, Durchgriffshaftung
GmbH & Co. KG §§ 161-177a HGB / GmbHG	Zweck: Betrieb eines Handelsgewerbes mindestens ein Gesellschafter: Gesellschafter der Komplementär-GmbH kann identisch sein mit Kommanditist der KG	Die GmbH fungiert als (in der Regel alleiniger) Komplementär durch ihre Geschäftsführer. Für gewöhnliche Geschäfte jeder Komplementär allein, kann im Gesellschaftsvertrag anders geregelt werden. Vertretung, kann Dritten gegenüber z.B. auf die GmbH beschränkt werden Fremdgeschäftsführung möglich Einflussnahme davon abhängig, ob Gesellschafter in der GmbH oder als Kommanditist in der KG ist	Komplementär haftet mit dem Vermögen der GmbH Kommanditisten bis zur Höhe ihrer Einlage

Die Gesellschafter nehmen anteilig ihrer Beteiligung am Gesellschaftsvermögen an Gewinn- und Verlust teil. Das HGB sieht eine Mindestausschüttung von 4% der jeweiligen Kapitaleinlage vor. Darüber hinaus ist eine Ausschüttung unabhängig von der Gewinnsituation vertraglich festzulegen bzw. durch Gesellschafterbeschluss zu beschließen.	Buchführungspflicht Erstellen eines Jahresabschlusses	grundsätzlich Zustimmung aller Gesellschafter erforderlich Entscheidung einfacher bei Kommanditisten, da von der Leitung ausgeschlossen für wachsende Kooperationen begrenzt geeignet	Ca. 500 Euro
Gewinnbeteiligung entsprechend der Einlage keine unmittelbare Verlustbeteiligung Gewinne und Verluste unterliegen KSt, ausgeschüttete Gewinne ESt kein Verlustausgleich gewerbesteuerpflichtig	Buchführungspflicht Erstellen eines Jahresabschluss mittlere und große Gesellschaften Testat des Abschlusses durch Abschlussprüfer Publizitätspflicht	Aufnahme nach Kapitalerhöhungsbeschluss der Gesellschafter eingeschränkte Wachstumsmöglichkeiten durch starke Position jedes einzelnen Gesellschafters	1.000 – 1.500 Euro Gründung sehr aufwändig (Eintrag ins Handelsregister, etc.)
wie KG	zweifache Buchführungspflicht für die KG und die GmbH Erstellen eines Jahresabschluss mittlere und große Gesellschaften Testat des Abschlusses durch Abschlussprüfer Publizitätspflicht	grundsätzlich Zustimmung aller Gesellschafter erforderlich Entscheidung einfacher bei Kommanditisten für wachsende Kooperationen begrenzt geeignet	1.500 – 2.000 Euro

Quelle: LGH (Landes-Gewerbeförderungsstelle des nordrhein-westfälischen Handwerks) 2002: Beratungs-Leitfaden Kooperationen im Handwerk.

4. Förderprogramme auf regionaler und kommunaler Ebene

Die finanzielle Förderung der Umsetzung von Erneuerbaren Energien wird in vielen EU-Mitgliedsstaaten durch die nationale Ebene geleistet. Im Bereich der Forschung und Entwicklung sowie im Zusammenhang mit Regionalentwicklungsprogrammen (z.B. LEADER+) fördert auch die Europäische Kommission Erneuerbare-Energie-Projekte.

Aber auch regionale und kommunale Akteure können Förderprogramme auflegen und damit einen Anreiz setzen, in der jeweiligen Region oder Kommune, Erneuerbare Energien verstärkt einzusetzen oder Maßnahmen der Energieeffizienz durchzuführen. Neben der finanziellen Erleichterung für die potenziellen Fördernehmer haben solche regionalen Förderprogramme weitere positive Nebeneffekte. Durch die Einrichtung eines Förderprogramms wird signalisiert, dass Erneuerbare Energien etwas Positives und Unterstützenswertes sind. Die mit der Einrichtung des Programms verbundene Öffentlichkeitsarbeit rückt die Themen Erneuerbare Energien und Energieeffizienz stärker in das Bewusstsein der Bevölkerung. Die Bürger werden für die Themen sensibilisiert und dazu motiviert, selbst aktiv zu werden.

Allerdings muss auch sensibel abgewogen werden, ob nicht der gegenteilige Effekt erreicht und Erneuerbare Energien als noch nicht wirtschaftlich und deshalb zwingend förderbedürftig dargestellt werden. Dieser Effekt muss vor allem dann sorgfältig abgewogen werden, wenn eine Technologie zur Nutzung Erneuerbarer Energien bereits per se oder dank sonstiger existierender Förderprogramme betriebswirtschaftlich gesehen rentabel ist. In solchen Grenzfällen ist es wichtig, die Förderung an bestimmte effektverstärkende Maßnahmen, wie öffentlich sichtbare Anzeigetafeln (etwa für PV-Anlagen auf Schulen), zu binden.

4.1. Zielgruppen von Fördermaßnahmen

Prinzipiell können sich regionale Förderangebote an alle Personen und Institutionen richten, die Energie konsumieren oder herstellen.

In vielen Kommunen und Regionen sprechen Förderprogramme Gebäudeeigentümer an, und dabei vor allem Besitzer und Bauherren von Privathäusern. Aber auch die Umrüstung gewerblicher Gebäude kann gefördert werden. Unternehmen können darüber hinaus auch hinsichtlich der Umgestaltung ihrer Produktionsprozesse gefördert werden.
Unterstützung können ferner Vereine und NGOs erfahren, die sich die Förderung von Erneuerbaren Energien auf die Fahnen geschrieben haben.
In der Regel sollten sich regionale bzw. kommunale Förderprogramme ausschließlich an Personen und Organisationen der betreffenden Region bzw. Gemeinde richten.
Interessant ist auch der Ansatz von „Warm front grant (plus)“, einem englischen Förderprogramm, welches sich ausschließlich an bedürftige Menschen richtet, die finanzielle Unterstützung vom Staat bekommen. Es werden in erster Linie Sanierungsmaßnahmen und Energieeffizienzberatungen gefördert.

Beispiel: Warm front grant & warm front grant plus, Croßbritannien

Die Gelder dieses Förderprogramms können in ganz Großbritannien bezogen werden. Gefördert werden Energieberatungen, Maßnahmen zur Wärmeisolierung des Hauses und zur Verbesserung der Effizienz der Heizung.

Zuschüsse von höchstens 1500 £ (warm front grant) bzw. 2500 £ (warm front grant plus) sind möglich.
Der Förderantrag kann bei diesem Programm ausschließlich von Bürgern gestellt werden, die finanzielle Unterstützung vom Staat erhalten. „Warm front grant“ richtet sich an sozial Benachteiligte, die Kinder unter 16 Jahren haben. „Warm front grant plus“ richtet sich an bedürftige Menschen über 60 Jahre.

Das Förderprogramm gilt für ganz Croßbritannien.

Info unter: www.powergen-warmfront.co.uk.

4.2. Träger von Förderprogrammen

Der am häufigsten anzutreffende Träger von Förderprogrammen ist die öffentliche Verwaltung. Die Mehrheit der hier präsentierten Beispiele geht von öffentlichen Körperschaften aus. Aber auch andere regionale Akteure kommen als Träger von Förderprogrammen in Frage:

- Stiftungen: hier ist insbesondere das Modell der Bürgerstiftung interessant (z.B. die Bürgerstiftung München),
- regionale und lokale Vereine und NGOs,
- regionale und lokale Energieversorgungsunternehmen,

www.bszm.de
www.buergerstiftungen.de

• Banken oder Kreditinstitute (etwa durch vergünstigte Zinssätze).

Auch Kombinationen und gemeinsame Förderungen durch verschiedene Träger sind natürlich möglich.

Bereits ein relativ geringes Budget kann große Wirkung erzielen, das heißt Interesse und Motivation wecken (siehe Beispiele Wedel & Dreisamtal).

Beispiel:
Klimaschutzfonds Wedel, Schleswig-Holstein, Deutschland

Wedel hat ca. 32.000 Einwohner, liegt im Nordosten Deutschlands, in Schleswig-Holstein, direkt an der Elbe und unmittelbar westlich von Hamburg.

Im Rahmen des Klimaschutzfonds Wedel werden die Neuerrichtung von Photovoltaikanlagen und der Bau von Sonnenkollektoren zur Warmwasserbereitung gefördert.

Gefördert wird über Zuschüsse. Die Höhe der Zuschüsse richtet sich nach den installierten kWh bzw. der Kollektorfläche. Höchstens werden jedoch 500 € je Anlage vergeben.

Ein Förderantrag kann von Bauherren gestellt werden, deren Anlage innerhalb der Gemeindegrenze liegt.

Die Gelder werden vom Klimaschutzfonds Wedel e.V. vergeben. Dieser Verein hat es sich zum Ziel gesetzt, die Notwendigkeit Erneuerbarer Energien und deren Nutzung in das Bewusstsein der Wedeler Bevölkerung zu bringen. Aber auch die Förderung entsprechender Anlagen wurde in der Satzung verankert. Der Gründung des Vereins wurde 1995 im Werksausschuss, einem Gremium der Stadtverwaltung, angeregt. 1996 wurde der Verein schließlich von zwölf Bürgerinnen und Bürgern gegründet.

Info unter: www.klimaschutzfonds-wedel.de

4.3. Förderarten

Die gängigsten Förderarten sind die Gewährung von Zuschüssen und die Vergabe von zinsbegünstigten Krediten. Aber auch die **Veranstaltung von Gewinnspielen** könnte man unter das Thema Förderung fassen.

Die Vergabe von Zuschüssen und Krediten kann dabei an unterschiedliche Tatbestände gebunden werden. Die Fördersummen können gebunden werden an die physische Größe einer Anlage (Fläche der Dämmung oder eines Kollektors), an deren Kosten oder an deren Leistung (kWh). Es kann aber auch einfach eine Pauschalsumme festgesetzt werden, die für jede Maßnahme beigesteuert wird.

Bei der Ausgestaltung eines Gewinnspiels sind der Phantasie keine Grenzen gesetzt und auch bei einem relativ geringen Budget kann man auf diese Art und Weise ein gewisses Aufsehen erregen. In der Region Dreisamtal zum Beispiel, gab der „Förderverein Energiesparen und Solarenergie-Nutzung", für den Bau jeder Solaranlage in der Region 50 € in einen Jackpot. Dieser wurde dann im Rahmen einer Veranstaltung öffentlichkeitswirksam verlost (siehe Kasten). Ein anderes Beispiel kommt aus Bremerhaven. Um die Bevölkerung für die Anforderungen der Bundesemissionsschutzverordnung zu sensibilisieren, wollte die swb (das lokale Energieversorgungsunternehmen) gemeinsam mit seinen Kooperationspartnern die älteste Ölheizung der Stadt aufspüren. Der „Sieger" wurde mit einer modernen Erdgasbrennwertanlage belohnt.

Beispiel:
Region Dreisamtal
„Werden sie Sonnenkönig",
Baden-Württemberg, Deutschland

Die Region Dreisamtal liegt im Naturpark Südschwarzwald im Osten Freiburgs, im südwestlichen Zipfel von Deutschland. Zu der Region zählen die vier Gemeinden Kirchzarten, Oberried, Buchenbach und Stegen.

„Werden Sie Sonnenkönig" war die bisher größte Informations- und Motivationskampagne für die Nutzung von Sonnenenergie im Dreisamtal und in der Umgebung.

Der Förderverein für „Energiesparen und Solarenergie-Nutzung" der Region hatte 2001 einen Jackpot ins Leben gerufen, der mit jeder bis zum 31.12.2003 installierten Solaranlage um 50 € wuchs. 15 Anlagen wurden dem Verein gemeldet, also kamen 750 € in den Jackpot. Dieser Betrag wurde im Rahmen eines Festes mit kurzweiligem Programm, wie zum Beispiel Bauernkabarett und heimischer Verköstigung sowie einem Gläschen Öko-Wein, verlost.

Infos unter: www.dersonnenkoenig.de

Beispiel:
Wer hat die älteste Ölheizung Bremens,
Deutschland

Der lokale Energieversorger swb und seine Kooperationspartner wollten die älteste Ölheizung in Bremerhaven aufspüren.

Hintergrund der Aktion war es, die Besitzer älterer Heizungsanlagen über die Anforderungen der Bundesemissionsschutzverordnung zu informieren und zu unterstützen.

Um das Thema interessanter zu machen, wurde für den Besitzer der ältesten Ölheizung von Bremerhaven eine moderne Erdgasbrennwertanlage mit neuem Abgassystem, einschließlich Demontage der vorhandenen Kesselanlagen und des Öltanks zur Verfügung gestellt. Außerdem wurde unter allen Einsendern ein Erdgas-Hausanschluss verlost.

Die älteste Heizung, die aufgespürt wurde, stammte aus dem Jahre 1960.

www.swb-gruppe.de

4.4. Mögliche Fördertatbestände

Klassischerweise werden mit Förderprogrammen Investitionen gefördert. Hier liegt auch der Schwerpunkt bei den bisher bekannten lokalen und regionalen Förderprogrammen im Zusammenhang mit der Umstellung auf eine nachhaltige Energieversorgung. Dabei kann prinzipiell an die Förderung der Anschaffung von Anlagen (PV-Anlagen, BHKW, Heizungen) und der Erneuerung von Anlagen, die Unterstützung von Wärmeschutz- und Sanierungsmaßnahmen aber auch an die Förderung von Entsorgungsmaßnahmen (etwa bei Altanlagen) gedacht werden.

Ein zweiter wichtiger Fördertatbestand ist die Beratung. So kann es beispielsweise sinnvoll sein, einer bestimmten Akteursgruppe (Hausbesitzer, Unternehmen) Beratungen oder Fortbildungen zu bezuschussen, um sie über neueste technische Standards zu informieren. Auch objektbezogene Förderungen der Energie- und Energieeffizienzberatung (z.B. Erstellen eines Energiegutachtens für ein Gebäude) können zum Fördergegenstand gemacht werden.

Bei der Ausgestaltung von Förderprogrammen müssen die Spielregeln festgelegt werden. Dazu gehören u.a. die folgenden Punkte:

1. Förderzeitraum und Antragszeitpunkt
   Wie lange gilt das Programm? Wann muss der Förderantrag gestellt werden? Die Regel ist eine Antragstellung und Bewilligung vor Beginn der jeweiligen Maßnahme.
2. Auszahlungszeitpunkt und -modalitäten
   Wann und unter welchen Voraussetzungen erfolgt die Auszahlung? Soll die Auszahlung der Fördermittel erst nach Vorlage der Endabrechnung erfolgen oder gibt es eine Vorauszahlung? Welche Daten und Belege müssen vorgelegt werden?
3. Kumulation
   Soll eine Kumulierbarkeit mit anderen Förderprogrammen erlaubt sein, ist dies vielleicht sogar erwünscht oder möchte man dies nicht zulassen? Dabei sind drei Fälle vorstellbar:
   a) Die Förderungen der höheren Ebene sollen bevorzugt genutzt werden,

die regionale Förderung ist nachrangig. Eine Doppelbezuschussung wird ausgeschlossen.
b) Eine Kumulation mit anderen Förderprogrammen ist möglich, sofern diese ihrerseits kein Kumulierungsverbot aufweisen.
c) Die dritte Möglichkeit setzt einen erfolgreichen weiteren Förderantrag auf höherer Ebene für die Erteilung von Förderungen voraus.

4. Zuteilung der Fördermittel (zum Beispiel in Reihenfolge der eingereichten Anträge im Rahmen der verfügbaren Fördermittel)
5. Rechtsanspruch (in den meisten Fällen besteht kein Rechtsanspruch auf die Fördermittel).
6. Technische Bestimmungen und Eckpunkte zur Antragsabwicklung sind zu definieren und von den Antragstellern zu beachten.

Beispiele für Förderrichtlinien finden Sie unter den Webadressen der Beispiele Unterweitersdorf und Unterhaching.

Beispiel:
Förderung von Maßnahmen zur Reduzierung des Energieverbrauchs von Wohngebäuden, Unterweitersdorf, Oberösterreich.

Die kleine Gemeinde Unterweitersdorf hat knapp 2000 Einwohner und liegt in Oberösterreich, nordöstlich von Linz.

Die Gemeinde fördert verschiedene Maßnahmen im Rahmen der Sanierung von Wohngebäuden, die einer Minderung des Energieverbrauchs und einer Reduzierung der Nutzung fossiler Energieträger dienen, zum Beispiel:

- *Dämmung von Außenwänden und Kellerdecken,*
- *Einbau einer Holzzentralheizung (Hackschnitzel-, Holzpelletheizung),*
- *Anschluss an eine mit RE betriebene Nahwärmeversorgung,*
- *Errichtung einer Solaranlage.*

Die Maßnahmen werden über Zuschüsse gefördert. Bei den Sanierungsmaßnahmen wird der Zuschuss je Quadtratmeter vergeben. Beim Einbau einer neuen Holzzentralheizung, der Errichtung einer Solaranlage oder dem Anschluss an eine Nahwärmeversorgung richtet sich die Fördersumme nach der Landesförderung (20% der Landesförderung, maximal jedoch 364 € in allen drei Fällen). Des Weiteren kann jedes Projekt höchstens mit 1200 € gefördert werden.

Gefördert werden in erster Linie Privatpersonen: Eigentümer von Wohngebäuden in der Gemeinde, die auch ihren Hauptwohnsitz in der Gemeinde haben. Auch Mieter können sich um die Förderung bewerben, sofern der Hauseigentümer seine Einstimmung gegeben hat.

Infos unter: www.unterweitersdorf.at/.

http://root.riskommunal.net/gemeinde/unterweitersdorf/gemeindeamt/download/Energieförderungen_Richtlinien.pdf.

Beispiel
Programm zur Förderung thermischer Solaranlagen,Schramberg, Baden-Württemberg, Deutschland

Die Stadt Schramberg, mit ihren rund 19.000 Einwohnern liegt im Mittleren Schwarzwald.

In Schramberg werden die Errichtung von thermischen Solaranlagen, die Umstellung auf Gas als Energieträger sowie die Entsorgung von Öltanks, die Erstanschaffung eines Gasherdes oder eines –wäschetrockners gefördert.

Die Förderung erfolgt in Form von Zuschüssen. Für die Errichtung einer thermischen Solaranlage werden 100 € je m2 Kollektorfläche gezahlt, maximal jedoch 700 €. Die übrigen Maßnahmen werden durch einen pauschalen Betrag gefördert.

Antragsberechtigt sind alle Einwohner der Stadt Schramberg, sofern die Anlage innerhalb des Stadtgebietes liegt.

Die Fördermittel werden von den Stadtwerken Schramberg und der Stadt Schramberg gemeinsam zur Verfügung gestellt.

Info unter: www.stadtwerke-schramberg.de/ceasy.html?cPageId=60,

www.foerderprogramme.energieagentur-freiburg.de

Beispiel
Förderprogramm zur Energieeinsparung und Verbesserung der Luftqualität in der Gemeinde Unterhaching, Bayern, Deutschland

Unterhaching liegt im Landkreis München (südöstlich von München). Die Gemeinde hat rund 21.000 Einwohner. Die Gemeinde Unterhaching fördert eine Vielzahl von Maßnahmen zur Einsparung von Energie, insbesondere zur Einsparung fossiler Energieträger sowie Energieberatungen vor Ort.

Beispiele:

- *Wärmedämmungsmaßnahmen für Altbauten und Austausch von Fenstern,*
- *Bau von Niedrigenergie- und Passivhäusern und von thermischen Solaranlagen,*
- *Maßnahmen zur rationelleren Wärmenutzung (Brennwertkessel, Holzpelletheizungen, Blockheizkraftwerke u.v.m.).*

Alle Maßnahmen werden über Zuschüsse gefördert, zum Teil mit pauschalen Beträgen für eine bestimmte Anzahl Wohneinheiten, für Einfamilien- oder Zweifamilienhäuser, zum Teil werden die Beträge auch je Fläche (Dämm- oder Kollektorfläche) oder in Prozent der angefallenen Investitionskosten vergeben. In den meisten Fällen wird eine Höchstgrenze (pauschal oder Prozent der Kosten) je Antragsteller und Jahr bzw. je Maßnahme, Haus etc. gesetzt.

Eine Förderung beantragen können Gebäudeeigentümer, Erbbauberechtigte, Betreiber von Anlagen (Dienstleistungsunternehmen im Energiebereich oder Wärmelieferanten), Mieter oder Pächter mit Zustimmung des Gebäudeeigentümers. Die Maßnahmen werden in neu gebauten oder bestehenden Wohngebäuden gefördert.

Die Fördergelder werden von der Gemeinde Unterhaching zur Verfügung gestellt.

Info unter: www.unterhaching.de, www.agenda21-unterhaching.de/pages/arbeitskreise/energie/tops_richtlinien.html.

5. Rechtliche Instrumente auf lokaler Ebene

- Prüfen Sie die Spielräume für Verordnungen und Verträge, die eine nachhaltigen Energieversorgung unterstützen können.
- Gehen Sie mit dem Instrument sensibel um und versuchen Sie, Reaktionen und Wirkungen abzuschätzen.

Rechtliche Festsetzungen, Verordnungen und Verträge, die Bauherren und andere Energieverbraucher dazu zwingen, bestimmte Regeln (z.B. Verbrauchs- oder Emissionsgrenzwerte) einzuhalten, Gebäude mit Erneuerbaren Energien oder Wärmeschutz zu versehen, haben eine **hohe Durchschlagskraft.** Sie werden aber von regionalen oder lokalen Behörden tendenziell mit großer Vorsicht eingesetzt, weil allgemein die Auffassung besteht, dass man Unternehmen, aber auch private Bauherren, nicht mit zusätzlichen Belastungen abschrecken möchte. Bei der Ausweisung von so genannten ökologischen Gewerbegebieten, deren Nutzung und Bebauung an bestimmte energetische und ökologische Auflagen geknüpft war, hat man in Deutschland insbesondere in den 90er Jahren schlechte Erfahrungen gemacht. In den meisten Fällen mussten die Anforderungen erheblich reduziert werden.

Prinzipiell gibt es für kommunale bzw. regionale öffentliche Verwaltungen unterschiedliche rechtliche Eingriffsmöglichkeiten. Wie weit sie dabei jeweils gehen dürfen, ist wiederum von übergeordneter Ebene festgelegt. So besteht beispielsweise in Spanien die Möglichkeit, per Verordnung die Nutzung von Solarthermie auf Neubauten vorzuschreiben, wie es die Stadt und die Region Barcelona seit 2000 vorgemacht haben.

Beispiel:
Die Solaranlagen Verordnung „Ordenanza Solar Térmica" der Stadt Barcelona

Mit dieser Verordnung schreibt die Stadt Barcelona seit August 2000 vor, dass Neubauten mit einer Solarwärmeanlage ausgestattet werden müssen. 60 Prozent des Warmwasserbedarfs müssen durch die Anlage gedeckt sein. Auch für Generalsanierungen ist diese Regelung verpflichtend. Die Nutzung der Sonnenenergie wurde dadurch bereits kräftig vorangebracht. In kurzer Zeit wuchs die installierte Kollektorfläche von 1350 auf 6321 Quadratmeter.

Info mit Download des Verordnungstextes unter: www.climate-star.net/barcelona_dt.htm.

Auch in manchen deutschen Bundesländern ist im Baugesetzbuch geregelt, dass Gemeinden den Bauwilligen Vorschriften zum rationellen Einsatz von Energie machen dürfen.

Wenn es derartige rechtliche Grundlagen für die kommunale Ebene nicht gibt, kommen als Alternative öffentlich- bzw. privatrechtliche Vereinbarungen mit den Bauherren in Betracht.

In Deutschland gibt es dazu beispielsweise die so genannten **städtebaulichen Verträge und Vereinbarungen im Grundstückskaufvertrag**. Sie ermöglichen u.a. die Vereinbarung erweiterter Maßnahmen zwischen Gemeinden und Bauwilligen (z.B. ein erhöhter Wärmeschutz, die Nutzung regenerativer Energien, usw.). Diese Instrumente sind allerdings wesentlich schwächer als beispielsweise Verordnungen oder Satzungen. Auf beide werden sich Bauherren nur einlassen, wenn die Kommune eine angemessene Gegenleistung dagegen stellt. Dies können neben einem Baukostenzuschuss auch andere Leistungen zum Vorteil des Bauherren sein. Denkbar ist die Übernahme der Kosten für eine Energieberatung und wärmeschutzbezogene Betreuung in der Planungs- und Bauphase. Da die Erfüllung der im Vertrag vereinbarten Maßnahmen nicht an die Vorraussetzung für die Erteilung der Baugenehmigung gebunden ist, kann z.B. die Vereinbarung einer Vertragsstrafe dabei die Verwirklichung sicherstellen.

Beispiel:
Städtebaulicher Solarvertrag der Stadt Vellmar, Hessen, Deutschland

Seit 2002 besteht im Vellmarer Stadtteil „Solarsiedlung auf dem Osterberg" eine Baupflicht für Solarwärmeanlagen durch einen städtebaulichen Solarvertrag. Die Regelung betrifft eine zwölf Hektar große Siedlung, die nach Fertigstellung rund 350 Wohneinheiten umfassen wird. Gemäß dem Konzept Fördern und Fordern finanziert die Stadt jedem Bauherren die Energieberatung, der sich als vertragliche Gegenleistung zum Einbau einer Solaranlage zur Warmwasserbereitung und Heizungsunterstützung verpflichtet. Zur Motivation läuft parallel ein Wettbewerb um die schönste Solararchitektur.

Info unter: www.solarserver.de unter dem Suchwort „Vellmar".

6. Erneuerbare Energien als Tourismusattraktion

Viele regionale Erneuerbare-Energie-Initiativen zeigen, dass die Entwicklung Erneuerbarer Energien in der Region nicht nur unmittelbar positive Effekte auf Arbeit und Einkommen bei den Unternehmen des Energiesektors in der Region hat, sondern auch auf andere Branchen ausstrahlen kann. Ein sehr anschauliches Beispiel ist die Einbindung der Thematik Erneuerbare Energien in den Tourismus.

Die Gemeinde Güssing kann als Beispiel dienen, um sich den möglichen Umfang der touristischen Aktivität zu vergegenwärtigen. Dort werden wöchentlich bis zu 300 internationale und nationale Besucher gezählt, also ca. 15.000 pro Jahr. Im walisischen Umweltbildungszentrum „Centre for Alternative Technology“ (das in seinem Angebot über Erneuerbare Energien hinausgeht) finden sich jährlich sogar mehr als 80.000 Besucher aus aller Welt ein.

Aus Besuchsaktionen, die ursprünglich für Menschen aus der Region gedacht sind, die sich über die Möglichkeiten und Angebote im Bereich Erneuerbare Energien informieren wollen, kann also durchaus mehr werden:

- Die Attraktionen im Bereich der Erneuerbaren Energien können zu einem geschlossenen Angebot zusammengefügt werden, sei es in Form eines „Reiseführers“, einer Broschüre oder eines festen Exkursionsprogramms.
- Besuchsprogramme können auch für regionsexterne Experten und Interessierte weiterentwickelt werden. Diese werden sich in der Regel nicht für die „Alltagsfragen“ Erneuerbarer Energien interessieren, sondern spezielle Anlagen oder umgesetzte Lösungen in der Region besichtigen wollen.
- Die Region kann sich etwa mit Hilfe eines Besucher- und Informationszentrums (ähnlich z.B. der Naturparkinformationszentren) als Kompetenzregion für Erneuerbare Energien positionieren.

Gerade Regionen, die im Bereich der Erneuerbaren Energien einen großen Vorsprung vor anderen besitzen, sind daran interessiert, diesen Vorsprung auch vielfältig zu nutzen. In ohnehin für den Tourismus attraktiven Gebieten kann eine Chance darin bestehen, sich von anderen Regionen abzuheben, indem ökologische Aspekte stärker gewichtet werden. Wo der Tourismus zuvor keine große Rolle spielte, besteht eventuell sogar die Möglichkeit, auf diesem Wege auf den touristischen Landkarten zu erscheinen.

Beispiel:

*Das **„artefact-Zentrum für nachhaltige Entwicklung" in Glücksburg** an der Ostsee spricht mit seinem Gästehaus gezielt Schulklassen an. Die Preise liegen für große Gruppen deutlich niedriger, flexible Essenszeiten und Lunchpakete kommen den Bedürfnissen von Schulklassen entgegen. Der „erste Energieerlebnispark Deutschlands" bietet unter anderem eine Volt- und Watt-Wanderung und weitere erlebnisorientierte Aktivitäten.*

Info unter: www.artefact.de

6.1. Zielgruppen

Regionale Besuchsprogramme oder Tourismusattraktionen können sich an unterschiedliche Zielgruppen richten. Zu unterscheiden sind grundsätzlich:

- speziell an der Thematik Erneuerbare Energien interessierte Fachleute,
- speziell an der Thematik Erneuerbare Energien interessierte Laien (Schulklassen u.a.),
- Touristen, die als Besucher der Region Sehenswürdigkeiten und Angebote im Bereich Erneuerbare Energien „auch mal mitnehmen" (z.B. als Schlechtwetterprogramm).

Je besser die Angebote auf die jeweilige Zielgruppe zugeschnitten sind, desto größer sind die Erfolgsaussichten.

Dabei muss die richtige Mischung aus Standardangeboten (Standardisierung trägt zur Kostenreduktion bei) und Spezialangeboten, die auf die Zielgruppen zugeschnittenen werden, gefunden werden. Darüber hinaus kann eine Kombination mit kulturellen sowie kulinarischen Angeboten erwogen werden.

Fachleute stammen unter Umständen aus der gesamten Welt. Auch Schulklassen und Teile der Privatgäste sind möglicherweise ausländische Besucher. Das internationale Zentrum für nachhaltige Entwicklung (artefact-Zentrum) in Glücksburg an der Ostsee begrüßt jährlich Besucher aus 60 Ländern. Möchte man diese Zielgruppen ansprechen, müssen vor allem **Führungen und schriftliche Informationen zumindest auf Englisch** angeboten werden.

Schulklassen

Schulklassen kommen mit Erneuerbaren Energien in der Regel im Zusammenhang mit Exkursionen in Berührung, die theoretisches Wissen aus dem Unterricht veranschaulichen wollen. Darüber hinaus können auch Schullandwochen in Regionen verbracht werden, die sich zur Vertiefung des „Energiebewusstseins" eignen. Bei mehrtägigen Aufenthalten kann auch die Unterbringung der Jugendlichen dazu ihren Beitrag leisten. Angebote für Schulklassen sollten auch deren speziellen Bedürfnisse berücksichtigen:

- Die Kosten sollten sich in einem für Schulaktivitäten akzeptablen Rahmen bewegen. Dies gilt vor allem für etwaige Übernachtungsmöglichkeiten.
- Es müssen ausreichende Kapazitäten für große Gruppen vorhanden sein.
- Die Angebote sollten sich an den Bedürfnissen Jugendlicher orientieren (keine Langeweile aufkommen lassen).
- Eine Kombination mit weiteren nicht energiethematischen Angeboten bietet sich bei Schulklassen als Motivation besonders an.

Beispiel:

*Von Mitarbeitern des **Europäischen Zentrums für Erneuerbare Energie in Güssing** wird ein Besucherprogramm für Hauptschüler ausgearbeitet. Die einwöchigen Energieschullandwochen beinhalten Workshops und Besichtigungstouren zum Thema Erneuerbare Energie. Gleichzeitig erfolgt die Abrundung des Programms durch individuelle Freizeitgestaltung, die von Sport über Erlebnistouren bis zu kulturellen Aktivitäten reicht.*

*Info unter:
www.oeko-energie.net.*

Experten/ Fachleute

Zur Vorbereitung auf Investitionsentscheidungen in der eigenen Region oder einfach, um eine Gruppe von Handwerkern, Landwirten oder Ingenieuren von einer neuen Entwicklung zu überzeugen, sind Exkursionen und Besichtigungsfahrten in Vorbildregionen beliebt. Immer mehr regionale Initiativen stellen sich darauf ein und machen daraus ein richtiggehendes Geschäft.

Dies ist sicherlich das inhaltlich anspruchvollste Segment der touristischen Nutzung von Regenerative-Energie-Projekten, da man sich um eine anspruchsvolle fachliche Informationsvermittlung bemühen muss und sich auf die unterschiedlichen Interessen der verschiedenen Fachleute (Installateure, Energieberater, Wissenschaftler etc.) sehr genau einstellen sollte. Andererseits können durchaus auch der touristische Aspekt und eine aufgelockerte Atmosphäre im Mittelpunkt stehen, wenn es sich zum Beispiel um eine Art Betriebsausflug handelt.

Urlaubsgäste

Die gezielte Ansprache der Urlaubsgäste, die nicht primär aufgrund der Angebote der Region im Bereich Erneuerbarer Energien gekommen sind, erfodert die Nutzung anderer Vermarktungskanäle als bei den oben genannten

Gruppen. Broschüren im Tourismusbüro oder die Kooperation mit regionalen Tourenanbietern, die den Besuch von Erneuerbare-Energie-Attraktionen in den Kontext weiterer Attraktionen stellen, können hier Instrumente sein.

6.1. Maßnahmen und Projektbeispiele

Eine Vielfalt unterschiedlicher Ideen und Projekte existiert bereits in diesem Feld. Sie reichen von relativ unaufwändigen Maßnahmen, wie der Zusammenstellung regionaler Energie-Reiseführer bis hin zur Investition in Besucherzentren und den Aufbau umfassender Angebote.

Energie-Reiseführer

In einigen Regionen wurden Reiseführer zum Thema Erneuerbare Energien zusammengestellt. Sie können helfen, eine große Zahl potenzieller Besucher aus der Region und darüber hinaus zu erreichen. Hier bieten sich – zweckmäßige Inhalte und eine ansprechende Gestaltung vorausgesetzt – effektive Möglichkeiten der Ansprache.

Beispiel:

***„Hin zu neuer Energie"** – Ein Reiseführer zu Erneuerbaren Energien in der Modellregion Wendland*

Der WendenEnergie e.V. will mit dem von ihm herausgegebenen Energiereiseführer eine Orientierungshilfe für Besucher des Landkreises Lüchow-Dannenberg bieten. In Form eines Katalogs werden die sehenswertesten Projekte zu den unterschiedlichen Energieträgern vorgestellt, um die Planung von individuellen Energietouren durch die Region zu unterstützen.

www.wendenenergie.de/Projekte/reisefuehrer/reisefuehrer.html

Beispiel:

„Neue Energie-Region Rhein-Neckar" – Beispielhafte Projekte auf dem Weg ins Solarzeitalter

Unterteilt in fünf Teilregionen werden Projekte mit Schwerpunkt im Bereich der Sonnenenergie vorgestellt. Dieser Reiseführer bietet auch Informationen zu Anreise und weiteren nahe gelegenen Sehenswürdigkeiten.

Herausgeber: Daniel Bannasch/Hardy Hohl, Bezug über www.ecorema.de

Solche Reiseführer können über die reine Information zu den regionalen Erneuerbare-Energie-Anlagen hinaus beliebig erweitert und professionalisiert werden:

- Konkrete Routenvorschläge für verschiedene Zeitbudgets (Halbtages-, Tages- oder Wochenendtouren),
- stärkere Verknüpfung mit touristischen Angeboten ohne Energiebezug (Sehenswürdigkeiten, Einkehrmöglichkeiten etc.),
- deutliche Kennzeichnung der herausragenden Highlights.

Beispiel:

*Im Rahmen des Leader Plus geförderten Projektes **„Ökoenergietourismus Güssing"** wurden vier Regionsführerinnen ausgebildet, die Gäste auch in englischer oder ungarischer Sprache betreuen können.*

Info unter: www.eee-info.net

Ausbildung von Energieführern

Um eine hohe Qualität bei Besichtigungen und Führungen garantieren zu können, bietet es sich an, eine gezielte Ausbildung der Führer sicher zu stellen. Durch Schulungen können angehende Gästebegleiter Wissen und Fähigkeiten erwerben, was nach erfolgreichem Abschluss durch eine offizielle Lizenzierung bestätigt werden kann. Qualifizierte Gästeführer stellen einen Baustein für qualitativ hochwertigen Tourismus dar und sind ein Ausweis für Professionalität.

Zusammenfassung interessanter Einzelangebote zu einem Gesamtangebot

Will sich die Region als Erneuerbare-Energie-Region auch nach außen hin positionieren, bietet sich eine Vermarktung der touristischen Angebote als „Gesamtprodukt" an. Dazu ist die Zusammenarbeit einer Vielfalt von Partnern notwendig. Zusammenhängende Besuchsprogramme etwa verlangen die Kooperation mit den Besichtigungsstätten, aber auch mit der Gastronomie usw.

Ein interessantes Beispiel für die Zusammenarbeit und geschlossene Vermarktung vieler „Schaufensterprojekte" zu Erneuerbaren Energien in einer Region ist die erste Internationale Energie-Schau-Straße im österreichisch-slowenischen Grenzgebiet.

Beispiel:
Energie-Schau-Straße, Steiermark, Österreich

Die „erste Internationale Energie-Schau-Straße“ verbindet Österreich mit Slowenien und erstreckt sich über alle fünf Bezirke der Oststeiermark bis nach Izakovci. Das Projekt verknüpft die Themen Tourismus, Bewusstseinsbildung, Wirtschaft, Kunst sowie Regionalentwicklung.

In der ersten Projektphase wurden zwölf repräsentative Energie-Schau-Plätze – das sind unterschiedlichste, bereits umgesetzte Anlagen bzw. Projekte im Bereich Erneuerbare Energie - ausgesucht. Deren Betreiber sind selbst meist Pioniere in der Umsetzung von Projekten im Bereich Erneuerbarer Energie und wollen ihr Wissen bzw. diese nachhaltige Lebenseinstellung auch gerne vermitteln.

Das Angebot der zwölf Energie-Schau-Plätze ist sehr unterschiedlich und reicht vom Energie produzierenden Unternehmen (Windkraftwerk, Biomasseheizung,...) bis zu Energie-Städten (Weiz, Gleisdorf) und Infotainmentanlagen (Ökopark Hartberg, Gsellmanns Weltmaschine). Es war naheliegend, für diese zwölf verschiedenen Partner eine zentrale Informations- und Buchungsstelle einzurichten. Dadurch erhält der Kunde alle relevanten Informationen (Besichtigungsmöglichkeit, Erreichbarkeit, Verpflegung/Unterkunft...) aus einer Hand.

In weiteren Projektphasen wurde eine Arbeitsgemeinschaft als gemeinsamer Ansprechpartner gebildet sowie nach Lösungen für die Basisfinanzierung der nötigen Infrastruktur gesucht.

Info unter: www.energieschaustrasse.at

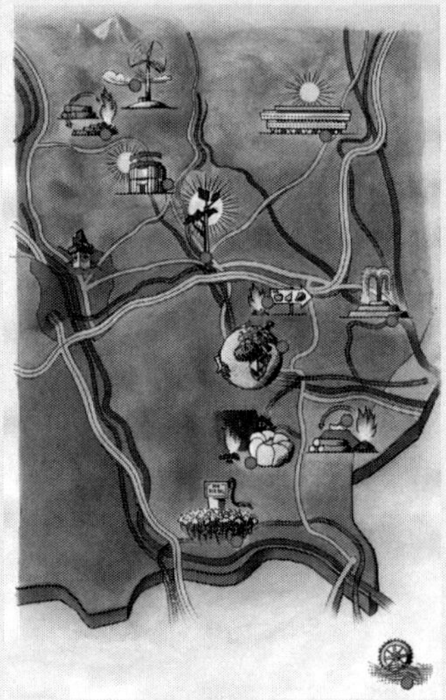

Besucher- und Informationszentren

Einen großen Aufwand in punkto Vorbereitung und Investition bedeutet die Einrichtung spezieller Besucher- und Informationszentren. Sie eröffnen die Möglichkeit, Informations-, Fortbildungs- und touristische Angebote an einem Ort zu konzentrieren. Dabei kann entweder ein bestehender Tourismusmagnet den Ausgangspunkt bilden oder der Versuch unternommen werden, einen neuen Anlaufpunkt im Zeichen der Erneuerbaren Energien zu begründen.

Beispiele:
Centre for Alternative Technology (CAT), Dyfi Valley, Wales

Nach seiner Eröffnung im Jahre 1975 leistete das CAT Pionierarbeit und wurde rasch zu einem einzigartigen Zentrum, das praktische Lösungen für die weltweiten Umweltprobleme vorstellt. Nach 25 Jahren ist CAT heute eines der führenden Ökozentren Europas. Ein Team aus etwa 30 Mitarbeitern (Biologen, Architekten und Ingenieure) arbeitet im CAT, in das jährlich mehr als 80.000 Besucher aus aller Welt kommen. Das CAT ist ein Ausstellungs- und Schulungszentrum, das selbst forscht und Informationen zur Verfügung stellt. Es bietet praktische Ideen und Info-Material bezüglich aller Arten von Umwelttechnologien und umweltbewussten Lebensweisen. Das knapp 4 Hektar große Gelände zeigt funktionierende Beispiele zur Solar-, Wind-, und Wasserkraftnutzung, ein Niedrigenergiehaus und verschiedene Arten von organischem Landbau, Kompostierung und Abwassersystemen. Schulklassen erhalten geführte Rundgänge und Gesprächsrunden sowie auf Anfrage eine Unterkunft in den „Eco Cabins". Das ganze Jahr über finden zahlreiche, sehr beliebte Wochenendkurse statt z.B. zum Thema „Erneuerbare Energien".

Info unter: www.cat.org.uk

Solarzentrum Mecklenburg-Vorpommern, Lübow-Krassow, Deutschland

100RE.net

Das Solarzentrum Mecklenburg-Vorpommern in der kleinen Gemeinde Lübow-Krassow vor den Toren von Wismar wurde als Aus- und Weiterbildungszentrum für Erneuerbare Energien konzipiert. Ein altes Gutshaus wurde restauriert und mit einer Vielfalt von Anschauungsbeispielen für Erneuerbare Energien und energiebewusste Sanierung ausgestattet. So sind z.B. die historischen Fenster mit einer Weltneuheit ausgestattet: solare, stromerzeugende Fensterläden. Die Bautätigkeiten an sich waren bereits ein intensives Fortbildungsprogramm in Sachen umweltfreundliche Restaurierung für die beteiligten Handwerksunternehmen in der von hoher Arbeitslosigkeit gebeutelten Region.

Im Inneren des Gebäudes wechseln Exponate zeitgenössischer Künstler mit eingelassenen „Vitrinen" für Exponate zur Energieeinsparung und Nutzung Erneuerbarer Energien. Diese „Vitrinen" sind schlicht glasabgedeckte Aussparungen an den Wänden und im Boden, die den Blick auf tiefere Schichten und damit auf die solare Haustechnik freigeben - für die geplanten Trainingskurse für Handwerker, Architekten und Ingenieure; die architektonische Vorwegnahme eines pädagogischen Elements in einer ästhetisch höchst ansprechenden Weise. Für Gäste, die von weiter her anreisen, gibt es mit Zimmern und Ferienwohnungen Unterkunftsmöglichkeiten.

Infos unter: www.solarzentrum-mv.de

Bild: Solarzentrum Mecklenburg Vorpommern, Dr. Ditmar Schmidt

Integration Erneuerbarer Energien in die bestehende touristische Infrastruktur

Das Bewusstsein für die Möglichkeiten Erneuerbarer Energien kann auch dann effizient vermittelt werden, wenn Touristen an Plätzen und bei Einrichtungen, die sie in ihrem Urlaub ohnehin nutzen, mit diesem Thema (unaufdringlich) konfrontiert werden. Hier zu eignet sich z.B. die Versorgung von Beherbergungseinrichtungen mit Erneuerbaren Energien – was dann mit einer entsprechenden Informationsarbeit begleitet werden muss.

Sollen neue Übernachtungsmöglichkeiten im Zusammenhang mit bestehenden Angeboten aus dem EE-Bereich entstehen, bieten sich vor allem stark frequentierte Besucherzentren dafür an. Es können Möglichkeiten für Komplettangebote in Kombination mit Besichtigungen, Seminaren oder auch schulischen Aufenthalten geschaffen werden.

Beispiel:
Hotel Victoria in Freiburg, ein „Nullemissions-Hotel"

Das mit zahlreichen Umweltauszeichnungen prämierte Hotel (unter anderem „Umweltfreundlichstes Privathotel der Welt" durch die International Hotel & Restaurant Association) packt das Thema Energie von allen Seiten an.

Bezogen auf das Treibhausgas Kohlendioxid gilt das Gebäude als „Nullemissions-Hotel". Der Raumwärme- und Warmwasserbedarf wird durch eine moderne Holzpellet-Heizung gedeckt, unterstützt von einer thermischen Solaranlage. Um den Verbrauch zu reduzieren, wurden Maßnahmen zur Wärmedämmung und Warmwassereinsparung ergriffen. Das Hotel bezieht ausschließlich Ökostrom und beitreibt zudem eine 7600 Watt PV-Anlage. Darüber hinaus besteht eine Beteiligung am nahegelegenen Windkraftwerk Ettenheim.

Auch in anderen Bereichen gilt umweltbewusstes Handeln als die oberste Maxime. Wasserverbrauch und -verunreinigungen wurden reduziert, Abfall wird vermieden, regionale Kreisläufe werden unterstützt. Besucher bekommen kostenfreie Karten für den öffentlichen Nahverkehr und können ein Solarmobil sowie Fahrräder nutzen.

Nicht nur für die eigenen Gäste sind die Umweltführungen durch das Haus gedacht, auch internationalen Gruppen, Umwelttouristen und Fachpublikum gilt dieses Angebot.

Das Hotel ist Teilnehmer einer EU-weiten Kampagne für energiebewusste Hotels (www.rest-hotels.org)

Infos unter: www.hotel-victoria.de

Quellen und weiterführende Informationen

Literatur:

Alt, Franz 2004: **Die Sonne schickt uns keine Rechnung – Neue Energie – Neue Arbeitsplätze.** München.

Bannasch, Daniel 2004: **Neue Energie Region Rhein Neckar.** Mannheim.

B.A.U.M. e. V. (Hrsg.) 2000: **„Solar na klar!" Regional – Praxisorientierter Leitfaden zur Umwetzung regionaler Solarinitiativen.** Hamburg.

BayStMLU 2003: **Erfolgreiches Regionalmanagement 2003.** München.

BUND / Misereor (Hrsg.) 1996: Zukunftsfähiges Deutschland. Basel.

Bundespresseamt 2003: **Zusammenfassung der Allensbach-Studie zu Energieversorgung und Energiepolitik.** Berlin. Download: www.bmu.de

Energieagentur Regio Freiburg GmbH (Hrsg.) 2006: **Wegweiser Solarstromanlagen.** Freiburg

Enquete-Kommission „Schutz der Erdatmosphäre" des 12. Deutschen Bundestags (Hrsg.) 1995: **Mehr Zukunft für die Erde, Nachhaltige Energiepolitik für dauerhaften Klimaschutz.** Bonn.

Enquete-Kommission „Schutz des Menschen und der Umwelt" des 13. Deutschen Bundestags (Hrsg.) 1998: **Konzept Nachhaltigkeit, Vom Leitbild zur Umsetzung.** Bonn.

Fürst, Dietrich 2003: **Steuerung auf regionaler Ebene versus Regional Governance.** In: **Informationen zur Raumentwicklung,** Heft 8/9.

Fürst, Dietrich 2004: **Integrierte ländliche Entwicklung – Erfolge und neue Herausforderungen:** In: **BMVEL 2004**: S. 33-40.

Gege, Maximilian 2004: **Die Zukunftsanleihe.** München.

Gege, Maximilian (Hrsg.) 2006: **Das GEWINN-Buch.** Hamburg.

GTZ 2002: **Förderstrategien zur Steigerung der Wettbewerbsfähigkeit von Wirtschaftssektoren in EU Assoziierungs- und Beitrittsländern: Ein Leitfaden basierend auf**

Clusterorientierten Politikansätzen. Download: www2.gtz.de/eu-clusters/deutsch/leitfaden.htm.

Heck, Peter (Hrsg.) 2002: **Praxishandbuch Stoffstrommanagement 2002/2003.** Köln.

Hinterberger, Friedrich 2000: **Eco-efficiency of regions. How to improve competetivness and create jobs by reducing environmental pressure.** Wien.

IFAM = Institut für angewandte Marketing Wissenschaften BDU (Hrsg.) 1998: **Die 199 besten Checklisten für Ihr Marketing.** Landsberg/Lech.

Joanneum – Joanneum Research Forschungsgesellschaft 2001: **Handbuch für kommunale und regionale Energieplanung** (KREP 2000). Graz.

Kanatschnig, Dietmar, Schmutz, Petra 2000: **Leitfaden zur Selbstevaluation – 20 Arbeitsschritte zur Optimierung der Projektarbeit.**

Kids4Energy: **Best Practice Guide.** Download: www.kids4energy.net/

Klewes, Joachim 1999: **Praxis Checkliste Marketing Datenbank: Die wichtigsten Regeln für Werber, PR- und Marketing-Profis.** Düsseldorf.

Knickel, K. / Siebert, R. / Ganzert, C. / Dosch, A. / Peter, S. / Derichs, S. 2004: **Wissenschaftliche Begleitforschung des Pilotprojektes „Regionen aktiv – Land gestaltet Zukunft". Ergebnisse der Begleitforschung 2002 – 03. Abschlussbericht.** IfLS Frankfurt am Main.

LGH (Landes-Gewerbeförderungsstelle des nordrhein-westfälischen Handwerks) 2002: **Beratungs-Leitfaden Kooperationen im Handwerk.**

Lurz, Markus 2005: **Aufbau einer nachhaltigen Energieversorgung als Aufgabe für das Regionalmanagement.** Diplomarbeit an der Fakultät für Raumplanung, Universität Dortmund.

Pontenagel, Irm (Hrsg.) 1998: **Erneuerung von Gemeinden und Regionen durch Erneuerbare Energie.** Bochum.

Rübsamen, Rosemarie / Delfs, Christiane / Haas, Gabi / Lassen, Rita 1995: **Energiegemeinschaften, Umweltfreundliche Stromversorgung in der Praxis.** München.

Stöhr, Michael / Tischer, Martin / Lurz, Markus 2005: **Erneuerbare Energien – ein Fall für die Regionalpolitik.** In **Solarzeitalter** 2/2005, S. 24-29.

Tischer, Martin 2001: **Unternehmenskooperation und nachhaltige Entwicklung in der Region.** Marburg.

Tischer, Martin 2003: **Achieving Regional Economic Development: Governance through Cooperation and Coordination.** In Lafferty/ Narodoslawsky 2003, S. 295-310.

Lindloff, Karsten, Schneider, Lothar 2001: **Handbuch nachhaltige regionale Entwicklung. Kooperations- und Vernetzungsprozesse in Region, Landkreis, Stadt und Gemeinde.** Dortmund.

Molitor, Reimar 2003: **The Role of Business and Industry in Promoting and Realizing Regional Sustainable Development.** In Lafferty/ Narodoslawsky.

Reiche, Daniel (Hrsg.) 2002: **Handbook of Renewable Energies in the European Union.** Frankfurt/Main.

Rogall, Holger 2000: **Bausteine einer zukunftsfähigen Umwelt- und Wirtschaftspolitik. Berlin.**

Scheer, Hermann (Hrsg.) 1989: **Das Solarzeitalter.** Freiburg

Scheer, Hermann 1993: **Sonnen-Strategie.** München

Scheer, Hermann 2002: **Solare Weltwirtschaft.** München.

Scheer, Hermann 2005: **Energieautonomie.** München.

Sinn, Dieter / Sinn, Isolde 1998: **Werben und Verkaufen im Elektrogewerbe: Ein Leitfaden für Handel und Handwerk.** Pflaum.

solarcomplex 2002 (Hg.): **Potenzialübersicht der Erneuerbaren Energien in der Region Hegau / Bodensee.**

Staiß, Frithjoff 2005: **Jahrbuch Erneuerbare Energien 2004/2005.** Bieberstein / Radebeul.

Umweltbundesamt 2002: Nachhaltige Konsummuster. **Ein neues umweltpolitisches Handlungsfeld als Herausforderung für die Umweltkommunikation. Mit einer Zielgruppenanalyse des Frankfurter Instituts für sozial-ökologische Forschung.** Berlin

Westdeutscher Handwerkskammertag (Hrsg.): **Leitfaden Marketing für den Energiesparmarkt.** Düsseldorf.

Weizsäcker, Ernst Ulrich / Lovins, A.B. / Lovins, L.H. 1995: **Faktor Vier. Doppelter Wohlstand – halbierter Umweltverbrauch. Der neue Bericht an den Club of Rome.** München.

Witzel, Walter / Seifried Dieter 2004: **Das Solarbuch.** Freiburg.

Weiterführende Links zum Thema: www.100re.net/Links.

Auf dem Weg zur 100% REGION

HANDBUCH FÜR EINE NACHHALTIGE ENERGIEVERSORGUNG VON REGIONEN

B.A.U.M. 100RE.net

Dr. Martin Tischer, Dr. Michael Stöhr, Markus Lurz, Ludwig Karg
unter Mitarbeit von Patrick Ansbacher, Sabine Conrad, Christine Öhlinger

2011

Impressum

Dieses Buch wurde im Rahmen des Projektes 100% RENET (Network of Rural Areas aiming at a very high RE Rate) erstellt.
Dieses Projekt wurde kofinanziert von der Europäischen Kommission im 5. Forschungsrahmenprogramm, Projekt-Nr. NNE5-2001-357.
Die alleinige Verantwortung für den Inhalt dieser Publikation liegt bei den AutorInnen. Sie gibt nicht unbedingt die Meinung der Europäischen Gemeinschaften wieder. Die Europäische Kommission übernimmt keine Verantwortung für jegliche Verwendung der darin enthaltenen Informationen.

B. A. U. M. Consult GmbH

Gotzinger Str. 48/50
81371 München

info@baumgroup.de
www.baumgroup.de

Verantwortliche Autoren:

Dr. Martin Tischer	info@baumgroup.de
Dr. Michael Stöhr	M.Stoehr@baumgroup.de
Markus Lurz	info@baumgroup.de
Ludwig Karg	L.Karg@baumgroup.de

5. Auflage, München, B.A.U.M. Consult GmbH 2011

Layout & Satz:
be orange marketing&kommunikation, www.beorange.de

Innenteil gedruckt auf umweltfreundlichem FSC zertifiziertem Alster Digital

ISBN-10: 3-00-018741-3 / ISBN-13: 978-3-00-018741-4